“特色经济林丰产栽培技术”丛书

# 花 椒

王加强　梁燕 ◎ 主编

中国林业出版社

## 内容提要

本书根据对花椒多年的科研、推广和生产实践经验，系统总结了花椒树的生物生态学特性、主要类型和品种、苗木繁育、建园、综合栽培管理、劣质低产园改造、病虫冻害防治、采收加工等技术，包括现有高新技术成果、栽培管理的实用技能和技巧，内容丰富，技术先进实用，深入浅出，通俗易懂，可操作性强，适合广大椒农和专业技术人员参考学习。

**图书在版编目(CIP)数据**

花椒/王加强，梁燕主编．—北京：中国林业出版社，2020.6
（特色经济林丰产栽培技术）

ISBN 978-7-5219-0589-2

Ⅰ.①花…　Ⅱ.①王…②梁…　Ⅲ.①花椒－栽培技术　Ⅳ.①S573

中国版本图书馆 CIP 数据核字(2020)第 084991 号

**责任编辑：李敏　王越**

---

| | |
|---|---|
| **出版发行** | 中国林业出版社(100009　北京市西城区德胜门内大街刘海胡同 7 号)<br>电话：(010)83143575　http://www.forestry.gov.cn/lycb.html |
| **印　　刷** | 河北京平诚乾印刷有限公司 |
| **版　　次** | 2020 年 10 月第 1 版 |
| **印　　次** | 2020 年 10 月第 1 次 |
| **开　　本** | 880mm×1230mm　1/32 |
| **印　　张** | 4 |
| **彩　　插** | 8 面 |
| **字　　数** | 119 千字 |
| **定　　价** | 40.00 元 |

---

# “特色经济林丰产栽培技术”丛书
## 编辑委员会

# 序

党的十八大以来，习近平总书记围绕生态文明建设提出了一系列新理念、新思想、新战略，突出强调绿水青山既是自然财富、生态财富，又是社会财富、经济财富。当前，良好生态环境已成为人民群众最强烈的需求，绿色林产品已成为消费市场最青睐的产品。在保护修复好绿水青山的同时，大力发展绿色富民产业，创造更多的生态资本和绿色财富，生产更多的生态产品和优质林产品，已经成为新时代推进林草工作重要使命和艰巨任务，必须全面保护绿水青山，积极培育绿水青山，科学利用绿水青山，更多打造金山银山，更好实现生态美百姓富的有机统一。

经过 70 年的发展，山西林草经济在山西省委省政府的高度重视和大力推动下，层次不断升级、机构持续优化、规模节节攀升，逐步形成了以经济林为支柱、种苗花卉为主导、森林旅游康养为突破、林下经济为补充的绿色产业体系，为促进经济转型发展、助力脱贫攻坚、服务全面建成小康社会培育了新业态，提供了新引擎。特别是在经济林产业发展上，充分发挥山西省经济林树种区域特色鲜明、种质资源丰富、产品种类多的独特优势，深入挖掘产业链条长、应用范围广、市场前景好的行业优势，大力发展红枣、核桃、仁用杏、花椒、柿子“五大传统”经济林，积极培育推广双季槐、皂荚、连翘、沙棘等新型特色经济林。山西省现有经济林面积 1900 多万亩，组建 8816 个林业新型经营主体，走过了 20 世纪六七十年代房前屋后零星种植、八九十年代成片成带栽培、21世纪基地化产业化专业化的跨越发展历程，林草生态优势正在转变为发展优势、产业优势、经济优势、扶贫优势，成为推进林草事业实现高质量发展不可或缺的力量，承载着贫困地区、边远山区、广大林区群众增收致富的梦想，让群众得到了看得见、摸得着的获得感。

随着党和国家机构改革的全面推进，山西林草事业步入了承前启后、继往开来、守正创新、勇于开拓的新时代，赋予经济林发展更加艰巨的使命担当。山西省委省政府立足践行“绿水青山就是金山银山”的理念，要求全省林草系统坚持“绿化彩化财化”同步推进，增绿增收增效协调联动，充分挖掘林业富民潜力，立足构建全产业链推进林业强链补环，培育壮大新兴业态，精准实施生态扶贫项目，构建有利于农民群众全过程全链条参与生态建设和林业发展的体制机制，在让三晋大地美起来的同时，让绿色产业火起来、农民群众富起来，这为山西省特色经济林产业发展指明了方向。聚焦新时代，展现新作为。当前和今后经济林产业发展要走集约式、内涵式的发展路子，靠优良种源提升品质、靠管理提升效益、靠科技实现崛起、靠文化塑造品牌、靠市场打出一片新天地，重点要按照全产业链开发、全价值链提升、全政策链扶持的思路，以拳头产品为内核，以骨干企业为龙头，以园区建设为载体，以标准和品牌为引领，变一家一户的小农家庭单一经营为面向大市场发展的规模经营，实现由“挎篮叫买”向“产业集群”转变，推动林草产品加工往深里去、往精里做、往细里走，以优品质、大品牌、高品位发挥林草资源的经济优势。

正值全省上下深入贯彻落实党的十九届四中全会精神，全面提升林草系统治理体系和治理能力现代化水平的关键时期，山西省林业科技发展中心组织经济林技术团队编写了“特色经济林丰产栽培技术”丛书。文山同志将文稿送到我手中，我看了之后，感到沉甸甸的，既倾注了心血，也凝聚了感情。红枣、核桃、杜仲、扁桃、连翘、山楂、米槐、皂荚、花椒、杏10个树种，以实现经济林达产达效为主线，围绕树种属性、育苗管理、经营培育、病虫害防治、圃园建设，聚焦管理技术难点重点，集成组装了各类丰产增收实用方法，分树种、分层级、分类型依次展开，既有引导大力发展的方向性，也有杜绝随意栽植的限制性，既擘画出全省经济林发展的规划布局，也为群众日常管理编制了一张科学适用的生产图谱。文山同志告诉我，这套丛书是在把生产实际中的问题搞清楚、把群众的期望需求弄明白之后，经过反复研究修改，数次整体重构，经过去粗取精、由表及里的深入思考和分析，历经两年才最终成稿。我们开展任何工作必须牢固树立以人民为中心的思想，多做一些打基础、利长远的好事情，真正把群众期盼的事情办好，这也是我感到文稿沉甸甸的根本原因。

科技工作改善的是生态、服务的是民生、赋予的是理念、破解的是难题、提升的是水平。文稿付印之际，衷心期待山西省林草系统有更多这样接地气、有分量的研究成果不断问世，把经济林产业这一关系到全省经济转型的社会工程，关系到林草事业又好又快发展的基础工程，关系到广大林农切身利益的惠民工程，切实抓紧抓好抓出成效，用科技支撑一方生态、繁荣一方经济、推进一方发展。

山西省林业和草原局局长

2019年12月

# 前 言

花椒是我国传统的调味品和中药材，随着社会的发展、科技的进步，花椒在原有调味和药用的基础上，现已开发出包括花椒籽在内的系列产品，拓宽了应用领域，成为食品和工业方面的重要原料，市场需求量越来越大，因而成为花椒产区的重要支柱产业。

随着花椒产业的迅猛发展，极大地促进了花椒栽培技术的发展和进步，花椒研究的新成果、新品种、新技术不断涌现。为将这些新品种、新技术尽快应用于生产，转化为直接生产力，在生产中发挥作用，产生效益，我们编写了本书，以满足花椒生产与经营者的需求。

本书总结多年的科研、推广和生产实践经验，并走访了椒农、收购加工企业、经销商，乃至部分用户，力求将现有高新技术成果，生产实践中的成熟实用技术和经验，包括一些实用的技能和技巧，尽可能吸纳进来；力求深入浅出，通俗易懂，让椒农一看就懂，一学就会，一用就灵，能为花椒的综合栽培管理、优质丰产提供参考和指导。初稿完成后，史敏华教授级高工对初稿进行了审阅，在此，对参考引用资料的作者，对走访的学者、椒农、加工企业、客商和审稿人等，一并表示诚挚的感谢。

另外，书中除介绍传统的、先进的栽培管理技术外，还总结了我们在长期的科学研究、技术推广和生产实践中的经验和观察研究结果，首次提出一些新的概念、名称、观点及相应的技术措施等，如“胎折椒”的概念和名称，顶生花序、果穗的栽培学意义、丰产机理、技术应用，经多次反复嫁接可减少花椒皮刺的产生，等等，对花椒树的综合栽培管理和优质丰产都具有非常重要的生产意义。限于学识水平，错漏之处在所难免，恳请专家学者和广大椒农朋友不吝指正。

王加强

2019 年 12 月

# 目录

序
前言

第一章　花椒概述……………………………………（1）
一、经济价值……………………………………（1）
二、生态价值……………………………………（5）
第二章　花椒生物生态学特性………………………（6）
一、结实习性及特点………………………………（6）
二、浅根性和须根性………………………………（8）
三、通过嫁接可减少皮刺…………………………（10）
四、强喜光树种……………………………………（11）
五、耐干旱瘠薄……………………………………（11）
六、不耐高寒………………………………………（11）
第三章　花椒主要类型及品种………………………（13）
一、分化变异的众多类型…………………………（13）
二、优良品种应具备的基本条件…………………（16）
三、主要农家栽培品种类型………………………（17）
四、花椒优良品种…………………………………（20）
第四章　花椒苗木繁育技术…………………………（23）
一、实生苗培育……………………………………（23）

二、嫁接苗培育…………………………………………………（28）
三、扦插苗培育…………………………………………………（40）
四、无刺花椒苗的培育…………………………………………（41）
五、苗木出圃……………………………………………………（41）
**第五章　花椒园建立技术**……………………………………（43）
一、园址选择……………………………………………………（43）
二、整地…………………………………………………………（43）
三、苗木准备……………………………………………………（47）
四、栽植…………………………………………………………（48）
五、补植…………………………………………………………（53）
**第六章　花椒树整形修剪技术**………………………………（54）
一、修剪时期及特点……………………………………………（54）
二、常用主要修剪方法…………………………………………（55）
三、幼树的整形修剪……………………………………………（58）
四、初果期的修剪………………………………………………（60）
五、盛果期的修剪………………………………………………（61）
六、下垂结果枝的管理和修剪…………………………………（62）
七、衰老结果枝的更新复壮……………………………………（62）
**第七章　劣质低效花椒园的改造技术**………………………（64）
一、改造对象……………………………………………………（64）
二、高接换种(优)　……………………………………………（64）
三、整形修剪……………………………………………………（72）
四、整修树盘……………………………………………………（72）
**第八章　花椒土肥水管理技术**………………………………（74）
一、土肥水管理不良对花椒树的影响…………………………（74）
二、秋施基肥……………………………………………………（75）

三、适时追肥……………………………………………………………（76）
四、叶面施肥……………………………………………………………（76）
五、中耕除草……………………………………………………………（77）
六、秋季深翻土壤………………………………………………………（78）
**第九章　花椒病虫冻害综合防治技术**…………………………………（81）
一、防管结合的无公害防治技术………………………………………（81）
二、常见虫害的防治……………………………………………………（85）
三、常见病害的防治……………………………………………………（96）
四、冻害的防治 ………………………………………………………（100）
**第十章　花椒采收与制干储藏技术** …………………………………（104）
一、适时采收 …………………………………………………………（104）
二、天气选择 …………………………………………………………（105）
三、采摘方法 …………………………………………………………（106）
四、花椒的制干 ………………………………………………………（106）
五、花椒加工储存 ……………………………………………………（108）
**参考文献** ………………………………………………………………（109）
**附录　花椒栽培周年管理历** …………………………………………（110）

# 第一章

# 花椒概述

花椒(*Zanthoxylum bungeanum*)为芸香科(Rutaceae)花椒属(*Zanthoxylum*)落叶灌木或小乔木。

花椒原产我国，分布广泛，除东北、内蒙古等少数地区外，黄河和长江中上游各地均有栽培，以西北、华北、西南地区分布较多，重点产于陕西、山西、河北、甘肃、四川、山东、河南、云南等地。

花椒在我国栽培历史悠久，最早可追溯到公元前11世纪～前6世纪。到南北朝已有比较完善的栽培方法和记载，《齐民要术》中就有关于花椒采种、育苗、栽植时间和栽植方法的记述。到明清时期，随着交通的发展，花椒销售范围、销量增加，栽培技术有了很大发展，逐步奠定了我国花椒栽培的现代格局和基础。

## 一、经济价值

### (一)花椒

花椒，也就是我们常说的花椒果皮，含有丰富的麻味素和芳香油，作为传统的主要调味品，应用历史悠久，深受人们喜爱。

1. 食用调味

花椒果皮富含川椒素、植物甾醇等成分，具有非常浓郁的麻香味，是人们喜爱的上等调味品和现代食品加工业的主要佐料，使菜肴、食品味道鲜美。还具有消毒杀菌作用，是腌渍各种咸菜、酱菜、腊肉、香肠等不可或缺的调料，既有很好的调味作用，又有很好的消毒杀菌作用。因而，在我国各大菜系中都离不开花椒作调料，尤其是川菜系列，花椒更是不可或缺的。随着人们生活水平的不断提高和改善，花椒用量也越来越大，这也是花椒市场火爆、价格一再上扬的重要原因。

2. 药用价值

花椒是一味传统的中药材，果皮入药，中医称为“椒红”。性辛、温，入脾、胃、肾经，有温中止痛、除湿止泻、杀虫止痒、温肾暖脾、补火助阳、呕吐止泻等功效。花椒的药用，早在明代药物学家李时珍《本草纲目》中就有记载：“花椒散寒除湿、解郁结、消宿食、通三焦、温脾胃、杀蛔虫、止泄泻……”

3. 新产品开发

随着科技的进步，人们对花椒的研究逐渐深入，近年来，以花椒为原料和辅料，已研发出系列产品，用于人们的日常生活，简介如下。

花椒酸奶：在酸奶中加入花椒的麻香味，不但改善口感，还具有良好的保健作用。

花椒奶糕：将花椒加入奶糕中，给奶糕增加了花椒特有的麻香味，盛夏享用，清凉爽口，别有风味。

花椒姜枣茶：利用花椒具有温中散寒的功效，将其与红枣和生姜配伍成花椒姜枣茶，具有良好的温中散寒、健脾和胃、温脾暖肾作用，对于脾胃虚寒、腰腹怕冷、手脚不温体质人群，具有良好的保健调理功效。

夹心花椒糖：在夹心糖中加入适量的花椒，甘甜味道中，增添了清淡可口的麻香味，更受人们喜爱。

花椒茶、花椒冷饮茶(口服液)：利用花椒的中药疗效和麻香味道，配制成花椒茶，不仅在醇香的茶饮中增添了清新的麻香味，使人们在享受茶趣的同时，还有良好的保健养生作用。将其加工为口服液式的包装，不仅可居家饮用，更方便旅游外出携带，可随时随地饮用保健，也可作为馈赠礼品赠送亲友。

花椒洗发水(洗头膏、洗发露)、护发素、护手霜，花椒氨基酸香皂(精油手工香皂)，花椒沐浴露等：利用花椒具有消毒杀菌、疏风散寒等作用和功效，将其加入这些系列洗涤产品中，不仅可洁净头发、肌肤，还具有良好的保健效果，可起到防治螨虫、消除皮肤瘙痒、去除头屑、护理头发和皮肤等作用。洗浴后，还留有清爽的麻香味，调节情绪，愉悦身心。

花椒牙膏：牙膏中加入花椒，可起到消毒杀菌，防龋齿，防虫蛀，保护牙齿和牙龈的作用，还可保持口腔卫生，消除口气，使口腔清香爽口，尤其是消除了口气较重人群的苦恼。

花椒熏香：在熏香中加入花椒，点燃过程中，散发出花椒特有的麻香味，可驱污避秽，清洁空气，使人神清气爽，身心愉悦。

花椒足浴宝(足浴液)：中医在治疗腿脚疼痛、麻木等疾病时，就有用花椒等配制药浴的传统，现在，用花椒复配研发的足浴液，使用更方便，保健养生效果更好，尤其对中老年朋友的“老寒腿”等有很好的辅助疗效。

花椒鞋垫：在鞋垫中添加花椒，不仅具有良好的除臭效果，还具有预防脚气等保健作用。

除以上产品外，还有好多可开发的产品，如早在汉代时期，皇宫中皇后住房的墙壁中就混合有花椒，称作椒房殿，既可防虫，又可缓慢散发特有的、清淡的花椒麻香味，清新空气，愉悦心情。中医素有芳香开窍之说，我们可借鉴古代先人的做法，融合现代中医理论、理念，用现代先进的加工工艺，以花椒为主，再佐以其他芳香类物质，选用相应的质地材料，制作成一定花色、大小、形状的香囊，悬挂在客厅、卧室，或放置于床头，既有良好的装饰效果，在其缓慢释放花椒麻香气味过程中，也有驱污避秽、清洁空气、愉悦心情的效果。尤其对肝气不舒、气滞血瘀、心情郁闷人群，如果再让中医配伍其他相应的药物，更具有良好的调理作用和效果。

以上只是我们了解搜集到的部分研发产品，可能还有好多没有收录进来。这些产品的研发，不仅拓宽了花椒的应用领域，更提升和改善了人们的生活水平和情趣，潜力巨大，前景广阔。

### (二)花椒籽

1. 药用

花椒籽，中医称之为“椒目”，性苦、辛、温，归脾、肺、膀胱经。具行水、平喘功效，可治疗水肿胀满、痰饮咳喘等症。

2. 榨油

花椒籽含油率高达25%～30%，一般出油率达22%～25%，含蛋白质14%～16%，粗纤维28%～32%，非氮物质20%～25%，灰分5%左右。花椒油中富含棕榈酸、软脂酸、硬脂酸、亚油酸、亚麻酸等，还含有不饱和脂肪酸和人体不能合成的必需脂肪酸等，具有花椒特有的麻香味，是高级保健食用油。

花椒籽油的皂化值达191～198，是制作肥皂、涂料、油漆、洗涤剂等轻工业的好原料。

榨油后的油渣(油饼)，还残留有部分油脂、蛋白质、碳水化合物和其他元素，可作为高档饲料添加剂，提高饲喂牲畜的适口性和营养价值；也可作为高档有机肥料。

花椒籽的开发利用，大大拓宽了花椒产品的应用领域，增加了附加值，延长了产业链，提高了经济效益。

### (三)花椒叶

花椒叶边缘具细钝齿，对光透视，齿缝间有大而透明的油点，具有特殊的香味，还富有营养，是良好的食品调味品和添加剂。产地群众素有用新鲜花椒叶，洗净切碎，加入烙饼、油饼、花卷等食品中，特殊的椒叶清香味，具有良好的口感，可增进食欲和增加营养。山西省平顺县和芮城县，已将花椒叶芽添加至辣椒酱中，开发为花椒芽菜，麻、辣、香味俱全，上市多年，深受广大消费者喜爱。

花椒叶含有丰富的芳香油，其中含量最多的萜烯类物质，被广泛用于香精。花椒叶芳香油中含有较高的香叶烯，是重要的玫瑰型香料，被广泛用于配制化妆香精和皂用香精。花椒叶还可放置在粮库内防止虫害，或放在肉食、水果上驱避蚊蝇。

我们已采用微波和常规烘干法，控制一定的温度和时间，将花椒叶中的香味固定保持；还采用超临界萃取法，对新鲜花椒叶内含物进行萃取，萃取 30 分钟后，获得鲜黄色浑浊液体，萃取率达 8.0% 左右。以后，可进一步研发出科学的加工工艺流程，将新鲜花椒叶干制品或提取物，用于饼干、锅巴等休闲食品添加剂，改善口感，增加收益，为花椒叶的开发利用开辟新的途径。

**（四）花椒木材**

花椒树的木材，质地坚硬，纹理细腻美观，表皮还有皮刺，形状独特，可用来做拐杖、伞柄等，还可以雕琢成多种形状、造型各异的小型器具和工艺美术品。

现代社会，人们充分利用花椒的麻香味具有通经活络、芳香开窍的作用，将花椒树的枝干，制作为健身器材，锻炼身体。用其循经敲打经络，不仅具通经活络效果，表皮的皮刺对经络、腧穴更有良好的刺激作用，起到保健效果。在城市的古玩市场和公园，经常可以看到大小、长短、粗细、形状各异的花椒枝干健身器具。

在农村田园、菜地、果园等地，可充分利用花椒皮刺，将花椒苗木密植为篱笆，形成刺篱，起到良好的隔离防护作用。

## 二、生态价值

花椒树根系发达，水平分布范围广，又是须根性树种，须根发达、密集，表层根系密度大（详见第二章，花椒根系一节），不仅为其在干旱贫瘠的立地条件下的生长结实，提供了良好的前提条件，同时也大大增强了保土蓄水能力。在干旱阳坡、石质山坡等生态脆弱区栽培，不但可起到良好的固持土壤，防治水土流失，改良生态的作用，还可正常生长结实，获得良好的经济收益。

# 第二章 花椒生物生态学特性

## 一、结实习性及特点

### （一）花序顶生

花椒为聚伞圆锥花序，生长在混合芽的顶端，即花序顶生。花椒花序的顶生特点，对花椒的结实丰产和栽培管理具有很重要的意义，既奠定了花椒枝条一旦开始结果，则可连年丰产稳产的基础，也对花椒树的整形修剪具有重要的指导意义。花椒在进入结果期后，之所以能连年丰产稳产，就是花椒挂果后，因为花序为顶生聚伞圆锥花序，果实成熟时，对枝条顶端成熟花椒果穗的采摘，相当于修剪技术措施中对枝条的“摘心”。枝条在孕育果实过程中，本来就需要消耗大量营养，客观上起到抑制枝条徒长的作用，枝条长势中庸，抑或衰弱，都有利于花芽分化；对花椒的采摘，客观上又起到摘心的作用；花椒成熟又早，伏椒在伏天即成熟采摘，大红袍在 8 月中旬也开始成熟采摘，花椒采摘后，树体没了负担，气候又温暖，适合花芽分化。在这种椒树枝条和外界气候均适宜花芽分化和形成的条件下，顶端果穗被采摘的枝条下部，又会分化和形成大量花芽，从而，给花椒的连年丰产稳产奠定了基础，也是花椒连年丰产稳产的机理所在。

### （二）睁眼椒

睁眼椒，实际就是我们平时所说的花椒，即正常发育成熟的花椒果实，经晾晒脱水后，可自缝合线处自然充分开裂至只在果柄处相连，椒籽可自然脱落后的花椒果皮。只是为了便于解释和说明下

面的闭眼椒、半睁半闭眼椒和胎折椒才特予注明的。

**（三）梅花椒**

梅花椒，是在花椒的聚伞圆锥花序中，部分花柄上不是一朵单花，而是聚生有2～4个不等的小花朵，授粉受精后，发育成几颗在果柄处连接、聚积在一起，形成梅花状聚生在同一果柄上的花椒团，群众形象地将其称之为“梅花椒”。

因为梅花椒只有在土壤水分和养分充足，通风透光条件良好的情况下，才能使聚生在一起的每一朵单花，授粉受精后，全部发育成颗粒硕大的花椒果实，形成梅花椒。在这种营养供给充足的情况下，形成梅花椒的同时，营养物质和有效成分转化积累好，椒皮肥厚，出椒率高，品质上乘，市场收购价也较一般的普通花椒收购价格高，可取得更好的收益。

加工时，通过特制专用的大孔径筛子进行筛选，单粒花椒漏下，2～4颗花椒聚生在一起的梅花椒则留在上面，即可获取梅花椒。

**（四）闭眼椒**

闭眼椒，也叫合眼椒。花椒开花授粉受精坐果后，因水肥供给不足，发育不良，或未充分成熟的花椒果实，虽经晾晒，但果皮仍不能开裂，或不能充分开裂，花椒籽不能自然脱出的花椒颗粒，群众形象地将其称为“闭眼椒”“合眼椒”。闭眼椒的存在，不仅严重影响花椒的品质和商品价值，而且因为本该发育为正常花椒的胚胎，却因水肥不足未能完好发育，成为闭眼椒而影响花椒产量。在加工销售过程中，如果不剔除出去，影响花椒的整体质量和销售价格。因而，在晾晒制干、加工过程中，还要经过专门的工序，予以筛选、剔除，也加大了加工成本。

闭眼椒的形成，主要是由于土肥水管理不好，营养供给不足，花椒果实不能良好发育造成的。因而，要加强土肥水管理，促使花椒果实的良好发育，既提高花椒产量，又提高花椒品质、质量和商品价值，取得良好的社会经济效益。

**（五）胎折椒**

胎折椒，是花椒开花后，在同一果柄上的聚生花，虽然同时授粉受精坐果，但由于土壤干旱贫瘠，没有足够的水分和养分，营养供给不足，其中个别已授粉受精的花椒胚胎，却因营养不良，未能发育成正常的花椒果实，在胚胎时期即夭折为米粒大小的“胎祥椒”，枯萎在发育完好的大颗粒花椒或闭眼椒下面，这就是我们在花椒果穗中经常看到的，在1颗或2~3颗正常发育的花椒颗粒下面，有1~2粒在坐果(或者叫坐胎)后没有发育的、米粒大小差不多的胚胎椒，因其是在“胚胎”时期即夭亡、未发育成的“胎死椒”，所以经和其他专家交换意见后，我们将其称之为“胎折椒”。

胎折椒的形成，和闭眼椒一样，也是因为土肥水管理不良，营养供给不足造成的。因为其营养缺乏更为严重，坐果后基本没有发育即被夭折，更为严重地影响花椒的质量和产量，更加凸显土肥水管理的重要性和基础性！

闭眼椒、半睁眼椒和胎折椒，大都是聚生在同一果柄上的聚生花，同时授粉受精后，因为土壤肥水条件不良，营养供给不足造成的。如果土壤水肥条件良好，营养供给充足，不但不会形成闭眼椒和胎折椒，同样可发育为正常的大颗粒花椒，就会和其他聚生在一起、发育完好的花椒共同形成“梅花椒”，既优质又丰产，取得更加良好的经济效益。因而，一定要加强椒园土肥水管理，为花椒的生长、结实提供良好条件。

## 二、浅根性和须根性

花椒属浅根性、须根性树种。据我们对山西省平顺县石灰岩山坡地修筑梯田营建的12年生椒园，挖取剖面对花椒树根系进行调查，由地表向下每10厘米为一个层次，水平方向以树干基部中心为圆心，每20厘米宽度为一个调查单元，依次向外挖取根系，按直径小于1毫米、1~3毫米、3~5毫米、5~10毫米和大于10毫米5个等级，分别测量各个层次、宽度范围内根系的重量和长度(表2-1)。

**表 2-1 12 年生花椒树根系重量、长度的水平和垂直分布**

| 项目 | 垂直深度(米) | 水平幅度(米) | | | | | | 合计 |
|---|---|---|---|---|---|---|---|---|
| | | 0～0.4 | 0.4～0.8 | 0.8～1.4 | 1.4～2.0 | 2.0～2.6 | 2.6～3.4 | |
| 根系质量(克) | 0～0.1 | 198.5 | 465.4 | 640.4 | 525.2 | 374.7 | 101.4 | 2305.6 |
| | 0.1～0.2 | 282.4 | 662.4 | 1029.1 | 622.6 | 333.1 | 25.0 | 2954.6 |
| | 0.2～0.3 | 641.4 | 802.1 | 1017.1 | 491.9 | 262.8 | 20.2 | 3235.5 |
| | 0.3～0.4 | 158.8 | 431.4 | 156.5 | 74.7 | 38.5 | 1.7 | 861.6 |
| | 0.4～0.5 | 222.9 | 305.1 | 61.0 | 25.5 | 37.3 | — | 651.8 |
| | 0.5～0.6 | 10.8 | 30.5 | — | — | — | — | 41.3 |
| 根系长度(米) | 0～0.1 | 1427.6 | 3135.0 | 4843.1 | 3639.7 | 2390.3 | 523.8 | 15959.5 |
| | 0.1～0.2 | 1405.9 | 3261.2 | 4490.5 | 3399.9 | 1606.3 | 117.3 | 14281.1 |
| | 0.2～0.3 | 146.8 | 901.6 | 1827.7 | 794.7 | 652.7 | 63.7 | 4387.2 |
| | 0.3～0.4 | 152.4 | 988.5 | 989.8 | 424.3 | 211.4 | 12.3 | 2778.7 |
| | 0.4～0.5 | 141.8 | 717.8 | 1109.3 | 122.7 | 183.1 | — | 2274.7 |
| | 0.5～0.6 | 51.3 | 194.4 | — | — | — | — | 245.7 |

调查结果表明，12 年生花椒树，根系总长 39926.9 米，总质量 10050.4 克，直径小于 1 毫米的须根质量 5394.3 克，占根系总质量的 53.2%，长度为 39723.7 米，占根系总长度的 99.5%，须根的数量和所占的比例是非常大的，充分说明花椒树是一个须根性树种。

根系的垂直分布多集中在 0～30 厘米深度范围内，质量占根系总质量的 84.5%，长度占总长度的 86.8%；表层 0～10 厘米土层范围内的根系质量占根系总质量的 22.9%，长度占总长度的 40.0%；在 0～10 厘米范围内，直径小于 1 毫米的根系质量和长度分别占该层根系总质量和总长的 95.6% 和 99.8%，充分说明花椒树是一个浅根性树种(图 2-1)。

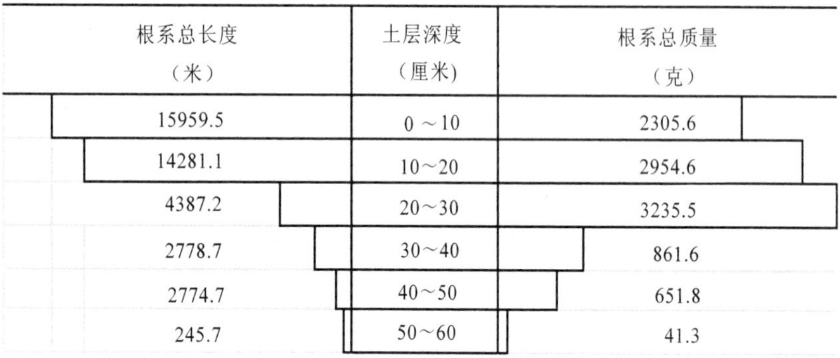

| 根系总长度（米） | 土层深度（厘米） | 根系总质量（克） |
| --- | --- | --- |
| 15959.5 | 0～10 | 2305.6 |
| 14281.1 | 10～20 | 2954.6 |
| 4387.2 | 20～30 | 3235.5 |
| 2778.7 | 30～40 | 861.6 |
| 2774.7 | 40～50 | 651.8 |
| 245.7 | 50～60 | 41.3 |

**图 2-1　12 年生花椒根系分布**

花椒根系的水平分布，受调查地梯田宽度的限制，不能横向发展，但沿梯田长度方向延伸幅度达 6.8 米，为冠幅的 1.5 倍。调查中还发现，花椒树根系适应性极强，在遇到石块或基岩时，可转变方向，继续延伸生长，甚至可顺着梯田后部的基岩向上坡方向生长，并萌发大量须根。

综上所述，花椒树为浅根性、须根性树种，水平分布范围广，浅层根系密度大，不仅为其在干旱贫瘠条件下生长结实，提供了良好的前提条件，也大大增强了保土蓄水能力。

## 三、通过嫁接可减少皮刺

皮刺，本来是花椒树重要的形态特征之一，但近年来发现，通过嫁接，可减少花椒树皮刺的形成。至少通过嫁接，可减少树冠部位的皮刺。如果再从通过嫁接、皮刺减少的树冠上采集接穗，进行二次嫁接，皮刺还可在第一次嫁接减少刺的基础上继续减少。这样，通过多次嫁接，即可培育出仅在主干基部有少量皮刺，在上部树冠上几近无刺，或在结果部位的树冠上基本无刺的花椒植株，群众将其称之为“无刺花椒”。这样，通过多次嫁接培育的无刺或少刺花椒，对花椒树的管理，尤其是花椒的采摘，具有重要意义。避免和减轻了椒农在管理椒树和采摘花椒过程中，皮刺对椒农的扎伤，大大方

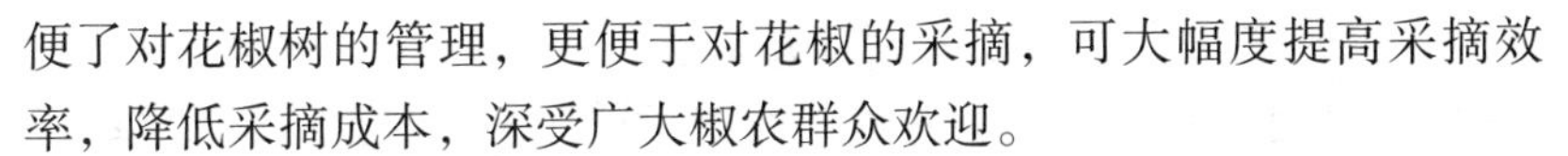

便了对花椒树的管理，更便于对花椒的采摘，可大幅度提高采摘效率，降低采摘成本，深受广大椒农群众欢迎。

虽然通过嫁接，减少了皮刺，客观效果明显，但其皮刺消失和减少的机理，目前尚不清楚，有待于进一步的研究。

## 四、强喜光树种

花椒为强喜光树种，在光照充足的条件下，不仅营养生长良好，而且容易形成花芽，开花结果，硕果累累，优质丰产。在光照充足的阳坡半阳坡上，干旱缺水，但花椒却优质丰产；而在光照不良的背阴处，虽然土壤湿润肥厚，营养生长旺盛，枝叶茂密，但因光照不足，难以分化花芽，在浓绿的花椒树上，却很少结果，甚至没有挂果，形不成产量。充分说明，花椒是一个强喜光树种，只有在光照充足的条件下，才能很好地分化花芽，开花坐果，生产出优质丰产的花椒产品。

## 五、耐干旱瘠薄

花椒适应性极强，在干旱贫瘠的土地上，能正常生长，开花结实。20 世纪 80 年代，在山西省平顺县留村坡度为 20°，裸岩面积达 60% 以上的石质阳坡上，甚至是在大面积基岩上，用坡面上扒拉下来、含有大量石砾的粗骨土修筑隔坡小梯田，梯田宽度 1 米左右，梯田前沿高度（土层厚度）50 厘米左右，栽植花椒，成活率达 95% 以上。5～7 年进入盛果期后，单株可产干花椒 0.5～1 千克，充分说明花椒树具有抗干旱、耐贫瘠的特点。

## 六、不耐高寒

花椒树为强喜光树种，喜光、喜温暖，耐寒力较差。据《山西树木志》记载，幼苗遇到 -18℃ 低温时，枝条即受冻害；15 年以上大树在 -25℃ 低温时，亦会受到冻害。1984 年，山西省平顺县花椒产区遭受多年不遇的冻害，轻者小枝受冻害干枯死亡，重者主枝甚至主干皮层崩裂，造成主枝或整株死亡。据我们查阅气象观测记载，1984年12月的平均气温为-6.8℃，较历年同期平均气温低3.2℃，为全年月均温最低的月份，较历年最低气温月(1月)提前一个月。12月18日，是1958年以来12月的绝对最低气温日，为-20.7℃，其前后两天的气温分别为-12.6℃和12.5℃，较最低气温日分别高8.1和8.2℃。由于其他气象因子基本正常，因而，最低气温的提前和较大温差的剧变是导致花椒树发生冻害的主要原因。

2010年的低温冷冻，也造成山西省芮城县数千公顷花椒遭受冻害，大面积绝收。充分说明花椒是一个不耐高寒的树种，在选择园址和引种时应予高度重视。花椒树树皮单薄、酥脆，含水量低的特点，是容易遭受冻害的自身原因。此外，在同样冻害气象条件下，管理水平不同，椒园冻害程度差异很大。管理好的，树势健壮，抗寒能力强，冻害程度明显减轻；放任管理，树势衰弱，病虫害滋生严重的椒园，受害株率达百分之百，几近毁灭。因而，要加强管理，增强树势，提高椒园抵御不良气候条件的能力。

以上，是我们对花椒主要生物生态学特性的初步总结，只有在真正了解和掌握其生物生态学特性的基础上，我们才能采取科学的、更具针对性的管理技术措施，更好地驾驭它、利用它，为花椒产业持续健康的发展提供强有力的技术支撑。

# 第三章

# 花椒主要类型及品种

## 一、分化变异的众多类型

花椒原产于我国，由于其特有的麻香味，很早就被人们应用和栽培，所以，其栽培历史悠久，早在《诗经》中就有“椒聊之实，繁衍盈升”的记载。到南北朝已有比较完善的栽培方法。《齐民要术》中就有关于花椒采种、育苗、栽植时间和栽植方法的记述。在漫长的繁衍生息过程中，自然环境条件的塑造，相互授粉杂交，自然变异分化，等等，使花椒这一古老的树种，分化变异出众多的群落类型和个体特征、特性，我们初步总结如下。

### （一）花序、果穗

花椒花序为聚伞圆锥花序，其花序的大小，每一花序上的花朵数量，密集、松散程度等变异分化出很多类型，也导致成熟后的果穗有大果穗和小果穗，花椒颗粒多和少，密集型和松散型、紧促型和稀疏型等众多类型，这在生产上具有很重要的指导意义。如我们在山西省芮城县风陵渡镇，发现最多的一花椒果穗，花椒颗粒数高达375粒，还有300颗左右的果穗，而且密集、紧促、成团；而我们也经常见到，松散稀疏，只有几颗、十几颗花椒的果穗。相比之下，多颗粒的大果穗花椒，不仅丰产性强，而且果穗大，便于采摘，采摘效率高，大大降低了采摘成本。这种丰产型、大花序、大果穗的特性，即成为我们选育优良品种必须考虑的重要因素。

### （二）果实

果实颜色：在自然界中，花椒果实分化变异出很多颜色，有艳红色、紫红色、橙红色、黄橙色、褐红色、粉红色、绿色等，还有成熟时果实顶端具有黄色的陕西韩城的“黄盖”花椒，成熟时略带白色的白沙椒，等等。包括内果皮也有白色、乳白色等不同颜色。

果粒大小：有大颗粒的，鲜果直径可达7毫米左右；小颗粒的，鲜果直径小于4毫米。

果皮：就是我们所说的花椒，有肥厚型、瘦薄型，因为果皮是花椒最主要、最重要的产品，所以其厚薄，有效成分含量等，不仅决定花椒的品质，而且决定花椒的制干率，即出椒率的高低。

疣状腺体：花椒果实表面的疣状腺体，是分泌麻香味的重要器官。有腺体密集型和稀疏型，有腺体较大和较小的，有较凸起和略微凸起的，还有腺体分泌功能强弱之分，等等。

味道：不同类型、不同产地、不同立地条件所产花椒，麻香味区别很大，有麻味素含量高的，有香味素含量高的，也有麻味素和香味素含量均高的麻香型花椒，还有成熟时带有怪臭味的臭椒（枸椒），还有储藏时间较长，其麻香味仍不减的白沙椒，等等。其麻味素、香味素、麻香素综合含量的高低，是决定和衡量花椒品质的重要指标，也是决定其价值高低的重要因素。我们期望能选育出麻香素含量均高的优良品种，或麻味素和香味素中某一味素含量高的品种，以定向培养使用。所以，有些食品加工企业，在某一指标达不到要求时，就在几个产区分别采购麻味素高或香味素高的产品，按照一定比例配制出满足要求的调味品。

### （三）成熟期

花椒有在伏天早成熟的品种伏椒，也有在8月中下旬成熟的中熟类型，还有在9月成熟的晚熟类型。在同一地区大面积栽培时，可根据立地条件类型，选用不同成熟期的品种类型，以错开采摘时间，合理安排劳力。

### （四）果柄

花椒有长果柄型，有短果柄型；有的果柄比较粗壮，有的较纤细；加工时，有的容易去柄，有的难以去除；还有的果柄很短，几近无柄。

### （五）叶

有的品种类型的花椒叶硕大肥厚，有的较小较薄；有的叶片浓绿色深，有的浅绿色淡，叶片的大小、厚薄、颜色等，对叶绿素含量的高低，光合作用的能力有较大影响。

### （六）枝条

有些花椒品种类型枝条硬挺直立，有的柔软下垂；有的坚韧，有的酥脆；有的节间长，有的节间短；有的开张角度大，有的开张角度小。枝条的特性，对花椒树的栽培管理，尤其是整形修剪的技术措施，有着重要的指导意义。如伏椒，在生长期非常容易折断、劈裂，夏季管理时，就要轻缓，防止枝条损伤。枝条柔软下垂的，结果后更容易受压下垂，削弱树势，修剪时就要注意提升枝条高度，助力长势。枝条过于柔软下垂的品种类型，结果后，更容易受压下垂，削弱树势，给栽培管理带来难度，应予淘汰。

### （七）皮刺

花椒在长期的繁衍生息过程中，分化变异出多种皮刺类型，有大小、多少之分；有的密集，有的稀疏；有的硕大坚硬，有的瘦小较软；皮刺的部位分布也有所不同，有的紧挨花序、果穗长有坚硬锋利的皮刺，有的在离花序、果穗一定距离的下部枝条上，才分布有刺；有的在枝干上分布较多，树冠上分布较少，等等。皮刺的大小、多少、生长部位，对花椒的管理和采摘特别重要，刺大且多的，给管理和采摘带来很大不便，尤其是在采摘过程中，经常刺伤采摘者，特别是被花椒刺刺伤后，具有特殊的麻痛感，还不容易愈合康复，严重影响采摘效率。所以，我们寄希望于选育、培养出少刺、无刺，优质丰产的优良品种。

### （八）生长势

不同品种类型的花椒树长势差异很大，有长势强盛的；有比较中庸的；还有长势比较弱的。

### （九）树体

有树体较为矮小的黄金椒、小红椒等，也有树体相对高大的臭椒等。

**(十)适应性**

花椒树虽然总体是一个强喜光树种，但相对而言，也有比较耐阴喜湿的，我们在山西省平顺县阳高乡就发现有较为耐阴的花椒类型，虽然处在较为偏阴的坡面上，但每年还正常开花结实，产量和品质都很好。因此花椒树整体是一个喜光喜温树种。

**(十一)抗逆性**

在遇到不良气候条件时，不同品种类型的花椒，表现出不同的受害程度，有的较轻，有的较重。有的抗病虫害感染，有的则容易感染。

以上只是我们对自然界分化变异出众多花椒类型的初步认识和了解，可能还有很多未知的类型，有待于我们进一步地研究发现。这些分化变异的、各具特色、特性的众多类型，为我们提供了多种基因性状，也为我们进行良种选育奠定了基础，创造了条件。

## 二、优良品种应具备的基本条件

基于人们对花椒应用的要求，从科学的栽培管理和开发利用角度出发，结合我们对不同花椒品种类型的研究了解，综合评判考虑，我们初步认为，作为花椒优良品种，应具备以下条件。

**(一)品质优良**

包括内在品质和外观表形两个方面：

①麻香素含量高，味道浓郁，综合品质好；或麻味素含量高，或香味素含量高，以定向培育利用。

②果个大，色泽红艳漂亮。

③外种皮肥厚，有效成分含量高，制干率高。

**(二)花序、果穗大**

花序、果穗大，聚集、紧促，不分散，颗粒数量多，不仅丰产，而且易采摘，采摘效率高，成本低。

**(三)丰产、稳产**

大小年现象不明显，连年丰产稳产。

**（四）无刺、少刺**

树体周身皮刺少、小，不坚硬，或无刺，至少要在结果枝部位无刺、少刺，或花序、果穗附近无刺、少刺，便于采摘和管理。

**（五）枝条硬挺**

枝条相对较为硬挺，不下垂，有利于助长树势。枝条太柔软下垂，挂果后更容易受压下垂，削弱树势，给管理带来难度。

**（六）适应性强**

因为花椒是强喜光树种，要具有抗干旱，耐瘠薄的适应性，在一般立地条件下即可正常生长，开花结实。其适应性不能与其所需的强喜光、喜温暖立地条件特性相矛盾。

**（七）抗逆性强**

抵御不良气候条件和恶劣环境条件的能力强，抗病虫害感染的能力强。

## 三、主要农家栽培品种类型

花椒在长期生产栽培过程中，在一定区域范围内，形成具有一定规模的农家栽培品种类型。这些品种类型，虽然未经相关部门审定，却得到产地群众的认可，都具有其独特的优良品性和栽培意义，成为某一区域的栽培群落类型，在此，我们将其搜集整理，作为农家栽培品种类型，供群众选择参考。

**（一）大红袍**

也叫大红椒、狮子头、秦椒、凤椒等。为椒区人民在长期的红花椒栽培过程中选择出的农家品种，是目前我国分布最广、栽培面积最大的优良农家品种。该品种树势健壮，树体高大，生长迅速，树高可达 3 ~ 4 米，最高可达 5 米。树形紧凑，树姿较开张，枝条萌发力强，多直立或斜向上。因枝条长势旺盛，由于顶端优势的作用，容易形成前强后弱的枝条，在较长枝条上部抽生出侧枝，中下部形成光秃带。茎干灰褐色，皮刺大而稀，基部宽厚，先端尖。枝条较硬，常直立，节间较长。羽状复叶 5～11 片，叶片卵圆形，叶色浓绿肥厚，有光泽。果穗大，果柄短，较紧密，果粒大，直径可达 5～6.5 毫米，一般每穗有单果 30～60 粒，多者可达百粒以上。处暑后成熟，成熟后果实深红色，不开裂，采收期长，可达 1 个月左右。果实表面疣状腺点凸起高大，晒干后不变色，外表皮鲜浓红色，美观漂亮；椒皮厚，出椒率高，4～4.5 千克可晒干椒 1 千克。麻香味浓，品质优，商品价值高，深受市场欢迎。

**（二）小红袍**

又叫小红椒、黄金椒、米椒等。树体较矮小，一般高 2～4 米。树势较大红袍弱，树姿开张，分枝角度大。萌芽力和成枝力强，枝条细软、下垂，易形成萌条。1 年生枝灰褐色，多年生枝干灰色。皮刺小，稀而尖利，皮刺基部木质化程度高，呈台状，随树龄的增加从基部脱落。叶色浅，黄绿色，叶片小而薄、软。8 月上中旬成熟，为中熟品种。果穗松散，每个果穗 60～70 粒。果粒较小，千粒鲜果重 60.6 克，出椒率 26.6%。成熟时果色艳红色，晒干后颜色鲜艳，具有浓郁的麻香味，品质上乘。

该品种耐瘠薄，抗性强，分布范围较广。但成熟后，果皮易开裂，不及时采摘，容易落果，采收期短。大面积栽培时，可根据立地条件和品种适应性，与早、晚熟品种搭配栽植，以错峰采摘，合理安排劳力。

**（三）小红椒**

在山西五台、盂县一带叫黄金椒，晋东南一带叫小椒或小红袍。树势旺，分枝角度大，枝条开张，枝条皮孔较密，枝条的萌芽力和成枝力强。皮刺较小，短肥尖利，随着枝龄的增加，从基部脱落。叶片较小，小叶 5～9 片。

果穗较松散，果柄较长，果粒小，近圆形，直径 4～4.5 毫米。成熟时果实艳红色，晒干的椒皮颜色鲜艳，制干率高，麻香味浓，品质上乘。果穗中果粒大小不整齐，成熟期也不一致，成熟后果皮开裂，采收期短，需在短期内完成采收。为早熟品种。该品种花椒，因麻香味浓，品质好，深受当地群众喜爱，但因颗粒较大红袍小，产量也低，市场价格也不如大红袍，当地群众则将颗粒大，颜色好，看相好的大红袍花椒卖掉，将小红椒留作自用。

### (四)白沙椒

也叫白里椒，又分大白沙椒和小白沙椒两种。树冠近圆形，树势中庸，分枝角度大，枝条斜平伸，小枝相对较多，树姿开张，树势健壮。皮刺稍大而稀，多年生枝条皮刺通常从基部脱落。叶片较小，叶面腺点明显。果柄较短，果穗果粒较密，可达120多颗。果实圆形，产量较小红袍高。8月中旬成熟，属中早熟品种。成熟后，果色较浅，为淡红色，制干后，椒皮褐红色，略带红色。果面腺点多，但腺点较小，不突出。内果皮白色，所以群众也称之为白里椒。最大特点是耐储藏，干椒存放3~5年麻香味不减。但因其色泽较差，看相不佳，卖相不好，所以栽培逐年减少。

该品丰产性较强，无明显的大小年结果现象，对土壤适应性强。栽植后3~4年挂果，盛果期可达15年左右。主要分布在晋东南一带。

### (五)枸椒

也叫臭椒、秋椒、野椒等。树体健壮高大，长势旺盛，生长速度快。枝条直立，开张角度小，1年生枝褐绿色，多年生枝干灰褐色，果枝粗短，尖削度大。主干上皮刺密而粗大，枝条上皮刺较稀疏。叶片中等大小，绿色较浅，微呈黄绿色，蜡质较厚，质脆。叶片正面光滑，背面住脉有小刺，叶面腺点不明显。鲜叶和鲜果均有异味，故群众称之为臭椒。晒干后异味减退，品质较差。果穗较大，较紧凑，平均每个果穗花椒50粒左右。果柄有长有短，果粒偏大，果皮疣状腺点不明显。鲜果千粒重87.0克，果皮较薄，出椒率低，一般制干率4~5∶1。9月上中旬成熟，属晚熟品种。成熟果实红色偏黄，晒干后暗红色，内果皮白色。鲜果有异味，少数人在采摘时，闻之异味，感到头晕恶心，但晒干后异味减退，麻而不香，品质较差。成熟后，果皮不开裂，不脱落，采收时间长。

该品种抗旱、抗寒能力强，长势旺盛，寿命长，是一个比较公认的花椒砧木品种。

如前所述，花椒分化变异的品种类型和群落类型很多，各地群众所叫的名称各异，可能存在同物异名，同名异物的情况，在引种、栽培时，应根据实物具体鉴别，以免造成损失。

## 四、花椒优良品种

到目前为止，在山西省还没有经过官方审定的花椒优良品种，为了方便群众引种栽培，现将其他省市经林木品种审定委员会审定的主要花椒品种作一简介。

### （一）狮子头

由陕西省林业技术推广总站和韩城市花椒研究所从大红袍花椒种群中选育，2005 年由陕西省林木品种审定委员会审定为优良品种。树势强健、紧促，新生枝条粗壮，节间较短，1 年生枝紫绿色，多年生枝灰褐色。奇数羽状复叶，小叶 7～13 片，叶片肥厚，钝尖圆形，叶缘上翘，老叶呈凹形。果柄粗短，果穗紧凑，平均每穗结实 50～80 粒，多的可达 120 粒。果实直径 6～6.5 毫米，鲜果黄红色，制干后大红色，平均千粒重 90 克左右，干制比 3.6～3.8∶1。物候期明显滞后，发芽、展叶、显蕾、初花、盛花、果实着色均较一般大红袍推迟 10 天左右，而成熟期则较大红袍晚 20～30 天。产量高，在同等立地条件下，较一般大红袍增产 27.5% 左右。品质优，可达国家特级花椒等级标准。

### （二）无刺花椒

由陕西省林业技术推广总站和韩城市花椒研究所从大红袍花椒种群中选育成功，2005 年由陕西省林木品种审定委员会审定为优良品种。树势中庸，枝条较

软，结果枝易下垂。新生枝条灰褐色，多年生枝浅灰褐色，皮刺随树龄增长逐年减少，盛果期全树基本无刺。奇数羽状复叶，小叶 7 ~ 11 片，叶色深绿，叶面较平整，呈卵状矩圆形。果穗较松散，果柄较长，每穗结实 50 ~ 100 粒，最多可达 150 粒，果粒中等大，直径 5.5 ~ 6.0 毫米。鲜果浓红色，干制后大红色，鲜果千粒重 85 克左右，干制比 4∶1。物候期与大红袍一致。同等条件下，较一般大红袍增产 25.0% 左右。品质优良，可达国家特级花椒等级标准。

### （三）南强 1 号

由陕西省林业技术推广总站和韩城市花椒研究所从大红袍花椒种群中选育成功，2005 年由陕西省林木品种审定委员会审定为优良品种。树形紧凑，枝条粗壮，尖削度稍大，新生枝条棕褐色，多年生枝条灰褐色。奇数羽复叶，小叶 9 ~ 13 片，叶色深绿，卵状长圆形，腺点明显。果穗较松散，果柄较长，平均每穗结实 50 ~ 80 粒，最多可达 120 粒，果粒中等大，鲜果浓红色，干制后深红色。直径 5.0 ~ 6.0 毫米，鲜果千粒重 80 ~ 90 克。果实成熟期较大红袍晚 5 ~ 10 天。同等条件下，较一般大红袍增产 12.5% 左右。品质优良，可达国家特级花椒等级标准。

### （四）秦安一号

1994 年通过甘肃省林木品种审定委员会良种审定。该品种主要分布于甘肃秦安一带。树势旺盛，萌芽力强，成枝率弱，枝条短而粗，分枝角度大。树体上的皮刺大。叶片大，正面有一突出而较大的刺，叶背面有不规则小刺。抗旱、抗寒、抗病性强，丰产性强。果实 8 月中下旬成熟，果穗大而紧凑，平均每果穗 120 粒以上。果肉厚，品质好。出椒率 3 ~ 3.5∶1。制干后的花椒呈浓红色，色泽鲜艳，营养成分含量高，质量好，为甘肃省的优良花椒品种。

### （五）小红冠

为杨凌职业技术学院与西北林学院从小红袍种群中选育的优良品种。当年生嫩枝绿色，1 年生枝条褐绿色，多年生枝灰绿色。皮刺较小，稀而尖利。叶片较小且薄，叶色淡绿。果实8月中旬至9月上旬成熟，成熟时鲜红色，果实直径4.5~5.3毫米。单株产量(干椒)2~2.5千克，每果穗果粒数60~70个。晒干后的果皮红色鲜艳，麻香味浓郁，品质上乘。该品种适应性强，在土壤含水量9.0%~10.2%的立地条件下能正常开花结果。冬季可耐-21.8℃低温，具有较强的抗寒性和耐旱性，病虫害少。

(六)九叶青

九叶青为重庆市江津科技人员培育的青花椒优良品种。因叶柄上有9片小叶而得名。半常绿至常绿灌木或小乔木，高3~7米，树皮黑棕色或绿色，上有许多瘤状突起。奇数羽状复叶，互生。小叶7~11枚，卵状长椭圆形，叶缘具细锯齿，齿缝有透明的油点，叶柄两侧具皮刺，叶片厚而浓绿。1年生枝紫色，2年生枝褐色，皮刺橙红色至褐色。在四川江津，一般2月上中旬萌芽、2月下旬至3月初盛花，3月上中旬花谢。聚伞状圆锥花序顶生，单性或杂性同株。果皮有疣状突起。6月下旬至7月初成熟，成熟时绿色。8月下旬至9月初种子成熟，每果含种子1~2粒。种子圆形或半圆形，黑色有光泽。11月下旬进入休眠期。一般栽后1~2年可开花结果，3~4年进入丰产期，丰产期持续15年以上。

该品种喜温，果实清香，麻味醇正，对土壤适应性广，耐贫瘠。在年降水量600毫米地区生长良好，树势强健，生长快，结果早，产量高，年生苗可达1.2米。成苗定植，第二年即开花结果，株产鲜椒1千克，第三年单株可产鲜椒3~5千克。但因该品种，喜温暖，不耐高寒，引种时一定注意当地气候条件，以免造成损失。

# 第四章

# 花椒苗木繁育技术

## 一、实生苗培育

### （一）种子采集

花椒育苗所用的种子，要选择优良种源（优良品种）、生长健壮、单株产量高、丰产性稳定、无病虫害感染的青壮年花椒树作为采种母树。秋季，待花椒种子充分成熟后，及时采集。采集过早，种子成熟度不够，发芽率发芽势低，苗木长势弱。

### （二）种子的晾晒制取

用作种子的花椒，不能和晾晒商品花椒一样，为尽快使花椒开裂脱籽，在强烈的阳光下晾晒，更不能摊铺在水泥地面和柏油马路上晾晒，高温会损伤花椒种子的胚芽，使花椒种子失去生命力，严重影响种子发芽，或完全丧失发芽能力。拟摊晾在阳光温和、通风条件良好的土地上，或竹帘、芦苇帘子上，待花椒开裂后，抖取种子，继续晾干，存放在干燥通风处备用。

### （三）种子处理

花椒种子表面光滑致密，还附着有油脂，水分难以渗透，严重影响种子的吸水发芽，因而要经过处理后，才能播种。花椒种子需要处理的基本原理，就是去除种子表面的油脂，使其可吸水膨胀发芽。

1. 沙藏处理

选择排水条件良好的地方，挖宽、深各 1 米左右，长度视种子量确定的土坑，坑底铺一层 10 厘米左右的湿沙，将拌入 2 倍湿沙的种子倒入坑内，厚10厘米左右。如此，一层种子，一层沙子，层积至距地面15厘米为止。最后将坑面封为高出地面的小土丘，以免流水进入。为使下层种子通风，坑长超过2米的，每隔1米竖一束通风草把，草把要露出地面。春季播种时，挖出混沙种子，筛去沙子即可。

2. 泥土混合处理

秋季，将种子和泥土按一定比例混合在一起，以泥坨形式，铺放在通风良好的墙根或地面。通过一个冬季，泥土对种子表面油脂的吸附，去除油脂，种子即可吸水发芽。春季播种前，将泥坨打碎，筛去泥土，取出种子，催芽后即可播种。

3. 草木灰处理

将种子与1~2倍的草木灰混合均匀，放置在阴凉处，不时翻动，有利于脱去种子表面的油脂。播种前，筛去草木灰，进行催芽处理后播种。

4. 牛粪混合储藏

将1份种子拌入3份鲜牛粪中，再加入少量草木灰，拌匀后，以泥坨形式，贴在背阴墙壁上或放在通风背阴处，阴干后堆积储存。第二年春季适当喷水，使其回潮后，轻轻捣碎即可直接播种，或经过催芽后播种。此法为产区椒农传统的储藏处理方法，种子发芽率高。

5. 快速脱脂处理

如果秋季没来得及处理，春季还要育苗的种子，可采取以下方法应急处理。

(1)碱水浸种脱脂处理　按照水∶碱面(碳酸钠)＝100∶2的比例配制碱水，将种子倒入碱水中(以淹没种子为度)，浸泡3小时，用力反复揉搓种子，洗除种子表面的油脂，捞出后，用清水冲洗干净，即可进行催芽处理。没有碱面时，也可用洗衣粉代替碱面进行处理。

(2)洗洁精脱脂处理　将洗洁精兑水稀释，放入花椒种子搅拌、揉搓，即可洗去种子表面的油脂，使种子可吸水发芽。用洗洁精处理后，再用清水冲洗干净，即可催芽播种。

和洗洁精脱脂处理原理一样，也可用各种油污清洁剂，加入一定比例的清水稀释，放入种子，进行搅拌、揉搓，将种子表面附着的油脂洗净，使水分可渗入种子发芽即可。但不可用腐蚀性强的碱性或酸性溶剂处理，以免损伤种子，影响发芽。

**(四)圃地选择和准备**

选择背风向阳，通风良好，具有灌溉条件，土层深厚、肥沃、排水良好的壤土或沙壤土地作为育苗地。涝洼地、黏土、沙土地、宿根性杂草过多的土地，不宜用作育苗地。

播种前一年秋季，对圃地进行深翻，并结合深翻施足基肥。基肥以充分腐熟的有机肥为主，将肥料铺撒在地面，深翻整平。春季播种前，再旋耕耙磨一遍，以利保墒。耙磨整平后整修苗床，一般苗床宽1米，长10米左右。没有灌溉条件的旱地育苗，可不做床，进行大田播种育苗。

**(五)播种**

1. 播种季节

(1)秋季播种　秋季播种，种子可不进行处理。种子秋播后，在土壤中经过漫长的冬季，即可起到脱脂吸水的作用。如果能用草木灰等处理后再播种，效果更好。

秋季播种，一定要防止鸟兽、昆虫对种子的刨食危害。只要这一问题可以解决，翌年春季幼苗出土早而整齐，生长也健壮。为防止鸟兽、昆虫等对种子的刨食，可用防治药物拌种处理后播种。山地或旱地育苗，秋播还可避免春季因干旱难以下种的问题，也可避免春季因干旱浇水播种，土壤板结影响幼苗出土和幼苗出土时的烧芽问题。

秋季播种一般在10月中下旬，土壤结冻前进行。翌年春天土壤解冻后，种子萌发前，对圃地进行及时镇压，使种子与土壤紧密结合，以利于种子吸水发芽。镇压的过程，也破除了冬季雨雪造成的土壤板结，起到良好的蓄水保墒的作用。

(2)春季播种　春季播种，在气候稳定，幼苗出土后可避开晚霜冻害时进行。播前检查种子的发芽情况，有 1/3 种子裂口露白时，及时播种。切不可等种子已发芽出壳时才播种，这样一是在运输、播种过程中，容易折断和损伤幼芽，影响出苗率。二是已发芽出壳的种子，播入土壤后，如果土壤干旱，容易使幼芽失水枯萎，也容易造成烧芽。

2. 播种方法

花椒播种，一般采用开沟条播方法。在 1 米宽的苗床上开 3 ~ 4 条播种沟，沟深 3 厘米左右，沟底平整，将种子均匀地撒播在沟内，覆土 2 厘米左右，轻轻镇压，使种子与土壤紧密结合。每亩播种量 10 ~ 15 千克。

覆土后，最好用塑料薄膜覆盖，可起到提高地温和保墒作用，但幼苗出土时，要及时揭去塑膜。也可效仿小麦、玉米覆膜播种技术，将塑膜覆盖在垄背上，在膜侧播种，免除破膜放芽工序。没有塑膜的，也可用秸秆、杂草覆盖，要注意在幼苗出土时，及时揭除覆盖物。用杂草覆盖时，不可将具有发芽力的杂草种子带入，增加圃地杂草和除草工作量。

**(六)苗期管理**

1. 间苗

幼苗生长到 5 ~ 10 厘米时，进行间苗，株距 10 ~ 15 厘米，间除弱小苗，留用健壮苗。如果幼苗有缺苗断行现象，利用间除的健壮幼苗带土移植，补齐断缺。为提高移植成活率，宜在阴雨天或傍晚时进行移植。

值得注意的是，生产中有些群众为追求苗木数量，不但加大播种量，而且不间苗。有的甚至是当年幼苗在生长过程中，由于密度太大，出现在自然竞争中死亡淘汰的现象。这样培育出的苗木，有高度，没粗度，苗木纤细柔弱，出圃造林后，不仅成活率低，而且缓苗期长，长势弱，严重影响椒园的早实丰产。所以，一定要高度重视，认真做好间苗工作，培育良种壮苗。

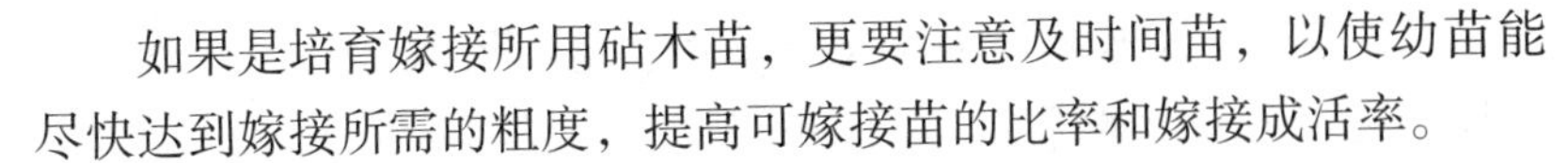


如果是培育嫁接所用砧木苗，更要注意及时间苗，以使幼苗能尽快达到嫁接所需的粗度，提高可嫁接苗的比率和嫁接成活率。

2. 中耕除草

幼苗生长期，要适时进行中耕除草，以破除土壤板结，增强土壤通透性，减少土壤水分蒸发，促进幼苗和根系的生长发育。幼苗较小，尤其在雨后或浇水后，土壤板结时，要轻锄、浅锄，以免板结土块带起幼苗，形成“端锅”，损伤幼苗。旱地育苗时，松土保墒更为重要，更要勤锄、多锄，以减少蒸发，提高土壤蓄水保墒能力，消灭杂草，促进幼苗生长。

间苗后，结合间苗进行一次锄地，既有松土除草的作用，也对间苗时带起泥土的空隙，进行了填充掩埋，保护了留苗的根系。以后，根据雨后、浇水后的土壤板结情况，杂草生长情况，及时中耕除草，做到除早、除小、除了，避免杂草与幼苗争水、争肥、争光，为幼苗生长创造良好条件。

3. 施肥浇水

幼苗在5月中下旬进入迅速生长期，至6月中下旬进入生长盛期，也是需要肥水最多的时期，应及时追肥。第一次追肥，在6月上中旬，以速效氮肥或复合肥为主，每亩20千克左右，或充分腐熟的人粪尿1000千克左右。第二次追肥于7月中旬进行。有灌溉条件的，可施肥和灌溉结合进行。旱地育苗的，最好在雨前或雨后进行，在行间开沟追肥，避免挥发散失，提高肥效。雨季以后，停止追肥，以免苗木徒长，影响新梢的木质化和安全越冬。

苗期浇水，应遵循不旱不浇和前促后控的原则，即土壤水分基本满足苗木生长需要时，不浇水，只有在土壤干旱，影响苗木正常生长发育时，及时浇水。前促后控的意思，就是在前期要加强水肥管理，尽最大可能促进苗木的生长，但到后期(秋季)，就要停止浇水，控制苗木生长，促使其木质化，提高苗木的充实度，确保安全越冬。否则，后期水肥过大，苗木还在快速生长，幼苗上部木质化程度低，抗寒能力差，越冬时容易引发抽梢。

每次浇水，尤其是漫灌浇水下渗后，地表干燥不黏时，要及时锄地松土，避免土壤板结，阻断毛细孔导致的水分散失，提高土壤的蓄水保墒能力，也可促进地温的回升。

4. 病虫害防治

花椒苗期常见的虫害有蛴螬、花椒跳甲、蚜虫等，常见的病害主要是叶锈病，本着“以防为主，以治为辅”的原则，在严格土壤消毒杀菌、虫害防治、细致整地的基础上，及时防治。具体防治方法，参见第九章。

## 二、嫁接苗培育

近年来，花椒良种选育工作得到很大重视，通过相关部门审定的优良品种已向社会发布，应用于生产，大大提升了花椒的品质和产量，促进了花椒产业的发展。新的优良品种，还在不断涌现，故此，将花椒的良种繁育作为重点予以介绍。

值得注意的是，在经济林栽培中，所说的良种化栽培和品种化栽培，一定是通过无性繁殖技术培育的苗木栽培的经济林。因为一些产地的椒农群众，误以为在良种母树或某一品种的椒园里采集种子，繁育的苗木，也叫品种苗，严格意义上讲，这是不对的。因为种子是由父本和母本授粉受精后产生的。因而，用种子繁育的苗木，有外来基因的渗透，后代变异性很大，参差不齐，不能全部保持优良品种的优良品性。只有通过无性繁殖方法培育的苗木，没有授粉受精的过程，没有外来基因的侵入，才能保持原有良种母体的优良品性。无性繁殖方法很多，如组织培养、扦插、根插、压条、分株、嫁接，等等。

### （一）采穗圃营建

采穗圃的营建，一定要选用经林木品种审定委员会审定、经在当地试验适宜当地自然气候条件、表现良好的优良品种。因为所建采穗圃，要作为良种种源，采集接穗扩大繁殖，供生产应用，所以，所用苗木或接穗一定要纯正。

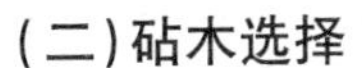

**（二）砧木选择**

用作培育良种苗木的砧木，同样要适应当地的自然气候、立地条件，在此基础上，要选择适应性强，根系发达，长势旺盛，抗逆性强，表现良好的种源，培育砧木。这样的砧木，嫁接优良品种后，发达的根系，具有强大的吸收功能，才能长势强劲，为所嫁接优良品种的生长、结实提供足够的水分和养分，为良种的优质丰产提供条件，这种最佳的搭配，优势互补、叠加，使优良品种的优良特性得以展现和发挥。否则，如果砧木根系不发达，树木长势不旺，砧木自身都没有长劲，“小牛拉大车”，再好的良种也不能发挥作用。所以，一定要选择好砧木。如在好多花椒产区分布的构椒，虽然花椒鲜果有异味，麻而不香，但根系发达，长势旺盛，树体相对高大，抗干旱，耐瘠薄，抗寒能力强，是比较公认的良好砧木品种。

**（三）砧木的培育**

可参照实生苗培育技术一节。适当加大育苗株行距，控制高生长，促进径生长，以尽快达到嫁接粗度要求。

**（四）接穗采集**

1. 枝接接穗的采集

枝接接穗的采集时间，理论上，在休眠期均可。但为减少接穗的储藏时间，可在早春萌动前完成采集。此时采集，不但接穗储藏时间短，失水少，鲜活度高，而且母树上剪取接穗的剪口，裸露时间短，很快进入生长期后，即可尽快愈合。在良种采穗圃的健壮母树上采集。选择树冠外围发育充实，粗度 1 厘米左右的枝条进行采集。

采集接穗时，在当年生枝条的中下部，距留芽 1 厘米处剪取，要用锋利枝剪，剪口平整光滑，有利于愈合。因为采集接穗时，在母树上留下的剪口伤疤较多，最好用愈合剂涂封剪口，减少剪口对树木体液的散失，促进愈合，保护好母树。

2. 芽接接穗的采集

芽接时间，在夏季生长期，为避免因气温高，穗条失水，影响成活，要随采随用。采集时，选择当年生、芽体健壮饱满、半木质化枝条。剪取穗条后，留 1 厘米左右的叶柄，随即剪去复叶，避免叶片继续蒸腾、蒸发对穗条水分的散失。并用湿毛巾包裹，或放入盛有少量清水的桶内，随用随拿。

需要长途调运的，要在下午采集，随时用湿布或湿麻袋等包裹好，晚上凉爽时调运。有条件的，最好用保温桶或冷藏车运输，确保接穗在调运过程中，不失水，不发热，并尽快嫁接。

### （五）接穗制作

枝接接穗的制作，要“掐头去尾”用中间，因为穗条上部发育不充实，芽体较弱；下部为隐芽、弱芽，只有枝条中部发育充实，髓心小，芽体健壮饱满，不仅嫁接成活率高，成活后长势也旺。穗条中部制作接穗时，将皮刺掰去，剪去芽上部 1 厘米的枝条，自下一芽上的 1 厘米处剪截，即为一接穗。节间较短的，也可用两个节间制作一个接穗，每一接穗留 2 个芽。

### （六）接穗蜡封

为了防止接穗在储藏过程中失水，保持接穗的鲜活，制作好的接穗要及时进行蜡封。

蜡封接穗所用的石蜡，要选用标号为 58 的石蜡。为增加石蜡的韧性，防止封蜡在包装、运输、嫁接作业过程中从接穗上的剥落，可在石蜡中加入 0.5% 的松香。没有松香时，虽然可用猪油替代，但加入猪油蜡封的接穗，发黏粘手，不便操作。

蜡封作业中，好多人怕烧芽，不敢提高蜡液温度，殊不知蜡液温度低，黏稠度增高，蜡封时，接穗上附着的蜡液增多增厚，不但更容易烧芽，而且接穗上附着的蜡皮厚，在包装、储藏、运输、嫁接过程中，更容易脱落。所以，蜡封接穗操作的基本要领是：蜡温要高，速度要快，封蜡要薄。

### （七）接穗储藏

蜡封好的接穗，按品种分别包装，挂好标签，标明品种、数量、采集时间、采集地点、采集人、蜡封时间等，储藏在干燥、阴凉处，

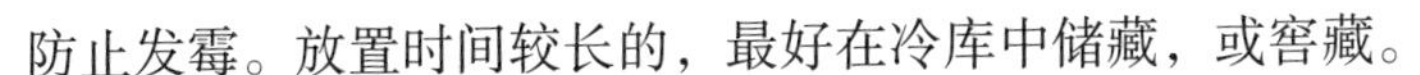

防止发霉。放置时间较长的，最好在冷库中储藏，或窖藏。

**(八)嫁接时间和方法**

1. 枝接

(1)嫁接时间　因各地气候条件不同而异，同一地区，也因海拔高度和坡向等立地条件的不同而异。在砧木开始萌芽时即可开始嫁接。此时，气温回升，树液开始流动，有利于嫁接成活。

(2)剪砧去刺　枝接时，在距地面 10 厘米左右处将砧木上部剪去，一定要随剪随嫁接，不可提前剪砧，以免剪口失水，影响成活。为提高剪砧嫁接效率，嫁接时可采取适当提前批量剪砧的方法，一次剪去少量砧木，在短时间内完成嫁接。剪去砧木的基部还留有皮刺，影响嫁接操作，可戴用防刺手套，抓住砧木一拧即可去除皮刺，方便嫁接。

(3)插皮接　插皮接是枝接方法中最容易掌握，嫁接速度快、成活率高的一种方法。

嫁接时，先在砧木合适的高度，一般距地面 5 ~ 10 厘米处，选择树皮通直、光滑无疤的地方用枝剪剪断，从端面一侧向下纵切韧皮部 2 厘米，深达木质部，用刀在纵切刀缝的上部左右微撬，使上方皮部略翘起。然后把已经蜡封的接穗削一个长 3 ~ 5 厘米的斜面，在接穗背面削一个小削面，并把下端削尖。一般削去接穗粗度的一半或多半，可根据砧木的粗度而定。粗砧木接穗留厚一些，细砧木接穗削得薄一些，以能正好插入切口为准。接穗削好后，将大削面向里插入砧木的木质部与韧皮部之间。注意不要把接穗的伤口全部插进去，应使 0. 5 厘米的伤口裸露在上面，即“露白”，这样可以使接穗露白处的愈伤组织和砧木横断面的愈伤组织相连接，保证愈合良好，避免嫁接处出现疙瘩，影响嫁接树的寿命。然后用塑膜绑条向上绑紧包严(图 4-1)。

(4)劈接　劈接，也是生产上应用较多的一种枝接法，适合中等粗度的砧木。如砧木过粗不易劈开，即使勉强劈开，劈口夹力太大，也易将接穗夹坏；如砧木过细，接口夹不紧，也不利于成活(图 4-2)。

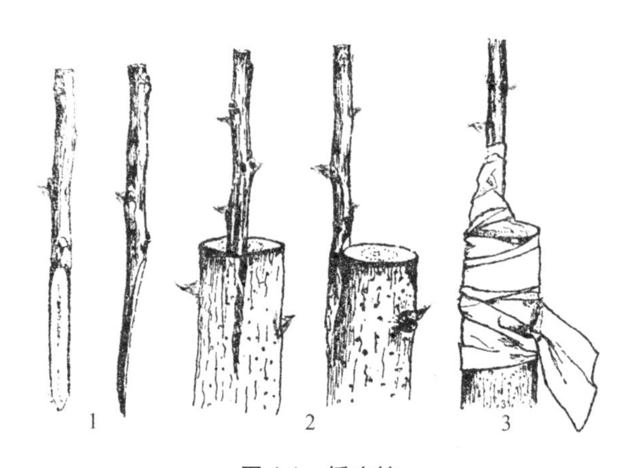


**图 4-1　插皮接**

1. 接穗切削正、侧面　2. 接穗插入砧木背、侧面　3. 用塑膜条绑缚

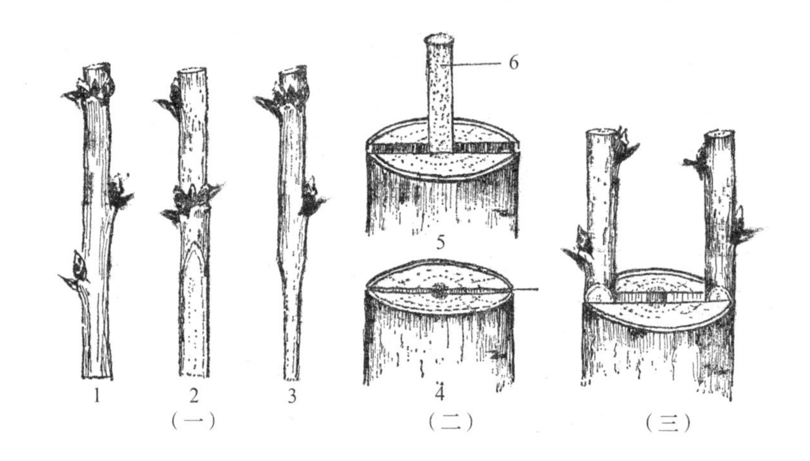


**图 4-2　劈接**

(一)接穗切削　1. 接穗　2. 正面　3. 侧面

(二)砧木　4. 劈口　5. 撑开劈口　6. 劈刀　(三)插入接穗

嫁接时，在砧木距离地面 4 ~ 6 厘米、纹理通直、光滑无疤结处剪截，剪口要平整光滑，然后用劈接刀在砧木剪口横断面中间垂直切(劈)下，切口深 4 ~ 6 厘米。将接穗下端一侧削成 4 ~ 6 厘米的长削面，削面背侧削成长 2 ~ 3 厘米的短削面，使其成楔形。接穗削好

后，用劈刀或铁钎将砧木劈口撬开，把接穗插入劈口，使接穗和砧木形成层对准，并紧密相接。如果不能使两面形成层都对准，则要一面对准。一般经验是“靠外不靠里”，即接穗的形成层和砧木形成层外的韧皮部对准相接。注意不要将接穗削面伤口全部插入劈口，要“露白”0.5～1.0 厘米，有利于伤口愈合。劈接法的绑缚方法同插皮接(图 4-2)。

(5)切接　切接法一般适用于小砧木，是苗圃春季枝接常用的一种方法。嫁接时，在距离地面 5～8 厘米，选择纹理通直、光滑处将砧木剪断，然后劈一垂直切口，切口宽度与接穗直径相等，一般深 3～4 厘米。砧木切好后，在接穗芽的背面削一长 3～4 厘米的削面，削面要平整光滑；在大削面对侧削一马蹄形小切面，长 1 厘米，接穗留 1～2 个芽。接穗削好后，把大削面向里插入砧木切口，使接穗与砧木形成层对齐。一般操作熟练时两边都可以对齐；如果技术不熟练，或砧木切口宽度和接穗削面宽度不一致，两边形成层不能全部对齐，则一定要对准一边，然后用塑膜绑条绑紧包严(图 4-3)。

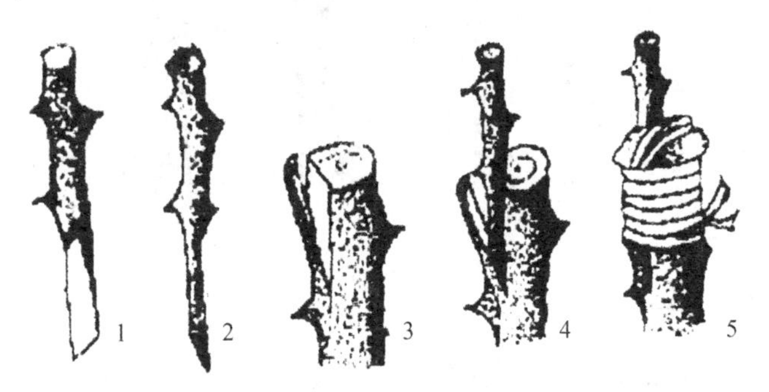


**图 4-3　切接**

1. 接穗削面　2. 接穗侧面　3. 砧木切口　4. 插入接穗　5. 绑缚

(6)舌接　舌接方法适用于粗 1 厘米左右的砧木，并要求砧木和接穗粗度大致相同。嫁接时，将砧木在距离地面 10 厘米左右处剪断，上端削成 4 厘米左右长的斜面，在斜面由上往下 1/3 处垂直下切 1 厘米的切口，使削面呈舌形。在接穗下芽背面削 4 厘米长的斜面，在斜面由下往上1/3处垂直切一长约1厘米的切口，砧木斜面斜度与接穗斜面斜度基本相同。然后把接穗的接舌插入砧木的切口内，使接穗和砧木的舌状部位交叉接合，双方形成层两边对齐，向内插紧后绑缚。这种方法接触面大，成活率高(图4-4)。

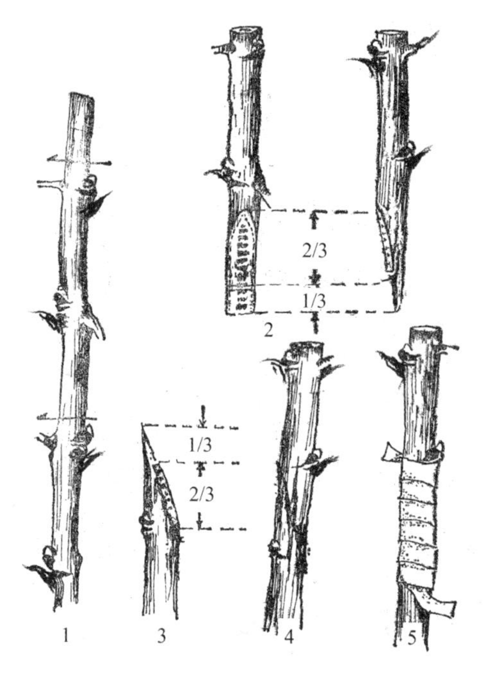


**图4-4　舌接**

1. 接穗　2. 接穗切削正、侧面　3. 砧木切削　4. 接合状　5. 绑缚

需要强调的是，无论采用哪一种枝接方法，成活的关键是将砧木和接穗的形成层对齐。如果砧木和接穗的粗度不同，两边的形成层无法全部对齐时，绝对不能将接穗或砧木居中插入，使两边形成层均未对齐，影响成活，至少要将一边的形成层对齐。只将一边形成层对齐的，因为接穗靠近一边，在绑缚塑膜时，要注意不要将对齐的接穗在绑缚过程中再错位。

(1)芽接时间　芽接在砧木和接穗均已离皮，便于芽接操作，接穗穗条中部半木质化、接芽成熟后即可进行。采用带木质部芽接方法，可在春季进行。

(2)接穗的采集与处理　嫁接时，选用穗条中部的健壮饱满芽。因上部的芽太幼嫩，不充实，基部的芽为隐芽、弱芽，均不宜用作接芽。用中部为发育较好、健壮饱满的芽，嫁接成活率高，接芽长势旺盛。穗条采集后，将叶柄两侧的皮刺轻轻掰去，再削取接芽。

因为芽接是在生长期进行的，气温高，蒸发量大，最好就地采集，随采随用。如果是外调接穗，一定要在傍晚凉爽时采集，晚上运输，避免白天暴晒、高温导致穗条失水。采集的穗条，随即用湿浴巾、湿麻袋等包装。有条件的，可在保温桶中放入适量的冰块，用保温桶运输。数量大时，可用冷藏车运输。运回的穗条，也要低温保湿保存，尽快嫁接。

(3)“T”字形芽接　“T”字形芽接是育苗中应用最广，操作简便而且成活率高的嫁接方法。砧木一般用 1～2 年生的小砧木，如果用大砧木则须在 1 年生枝上嫁接。

嫁接前，带叶的新鲜接穗，立即将叶片剪除，留有叶柄。用芽接刀自接穗由上而下的顺序削取盾形芽片，芽片长 2 厘米，宽 1 厘米，芽居正中或稍偏上一些。在砧木地面以上 5～10 厘米左右处，选光滑无疤的部位切一个“T”字形切口，然后用刀将“T”字形切口交叉处稍撬起，把芽片向下插入切口，使芽片上边与“T”字形横切口对接。然后用塑料绑条由下而上把伤口全部包严，叶柄可以包在里面或者把叶柄露出，塑料条的末端自最后一圈塑膜下回穿拉紧即可(图 4-5)。

(4)方块芽接　方块芽接比“T”字形芽接操作复杂，但芽片与砧木接触面大，成活率高。嫁接时，在嫁接部位先比好接穗和砧木切口的长度，用刀刻一记号，而后按照刻印上下左右各切一刀，去掉砧木上的一方块树皮；同样，在接穗接芽的上下左右略小于砧木切

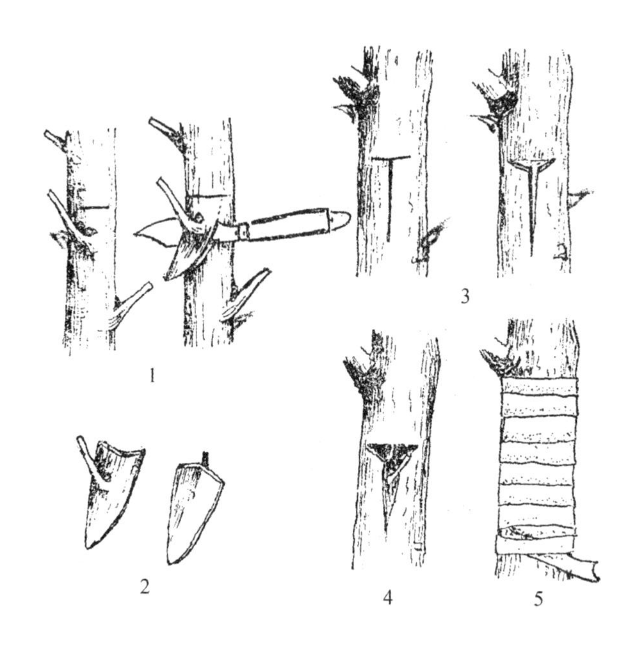

**图 4-5 “T”字形芽接**

1. 切削接芽 2. 芽片正反面 3. 砧木切口 4. 插入芽片 5. 绑缚

口，各切一刀，取下方块状的芽片，芽在芽片的中央，将芽片放入砧木切口。要注意芽片要略小于砧木切口，不宜大于砧木的切口，以免绑缚时芽片中间鼓起或四周翘起，造成接芽死亡。然后用塑膜绑条绑缚即可(图 4-6)。

(5)带木质部芽接　带木质部芽接，也叫嵌芽接。适合于春季嫁接。嫁接时用 1 年生枝作接穗，这种方法比枝接节省接穗，成活后愈合良好。可用于苗圃嫁接，也适合于较大砧木的嫁接。

削接芽时，倒拿穗条，自接芽的上方 0.8～1.0 厘米处，稍带木质部向前削，至芽下 1.2 厘米处，再在芽下 1.2 厘米处呈 30°角斜切至第一刀底部，使芽片基部成楔形，取下芽片；在砧木嫁接处选择光滑面，由上而下略带木质部削一切面，宽度与芽片基本相等，长度略长于芽片，再自削面基部呈 30°角斜切去皮片长度的 2/3，与第

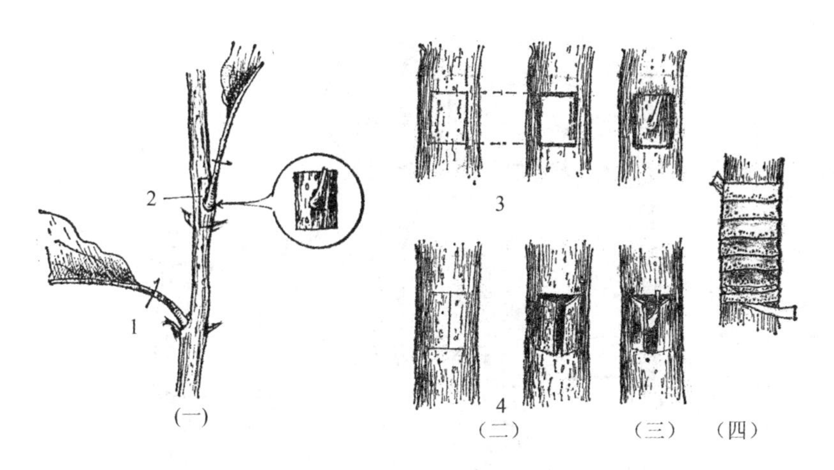


**图 4-6　方块芽接**

(一)穗条　1. 去叶　2. 剥芽　(二)砧木切削
3. 切削切口　4. 拨开树皮　(三)嵌入芽片　(四)绑缚

一刀相接，去掉砧木切口皮部。将削好的芽片嵌贴于砧木切面上，用砧木切口底部保留的1/3 皮片夹住芽片，使芽片与砧木形成层对齐。注意使芽片尖端微露砧木削面，以利于愈合。如砧木过粗，将一边形成层对齐，然后用塑膜绑条自上而下绑缚严实，露出芽眼和叶柄(图 4-7)。同时在接芽上部 1 厘米处剪去砧木以上部分，促使接芽萌发，秋季即可培育为产品苗。

3. 嫁接技巧

无论是枝接，还是芽接，都要选择在晴天进行，不可在阴雨天嫁接。一方面是晴天气温高，树液流动旺盛，有利于成活，另一方面，阴雨天嫁接，易在切削砧木和接穗、嫁接过程中，雨水滴在切削面上或进入接口，影响成活。

为了提高嫁接成活和接口的完好愈合，嫁接的技巧，除形成层对齐、对准外，另一个技巧可总结为“枝接要‘露白’，芽接要‘离缝’”，即枝接时，不要把接穗的削面伤口部分全部插入砧木，应使0.5～1.0 厘米的削面伤口露出，这样，可以使接穗“露白”处的愈伤组织和砧木横断面的愈伤组织相连接，保证愈合良好、成活，也避

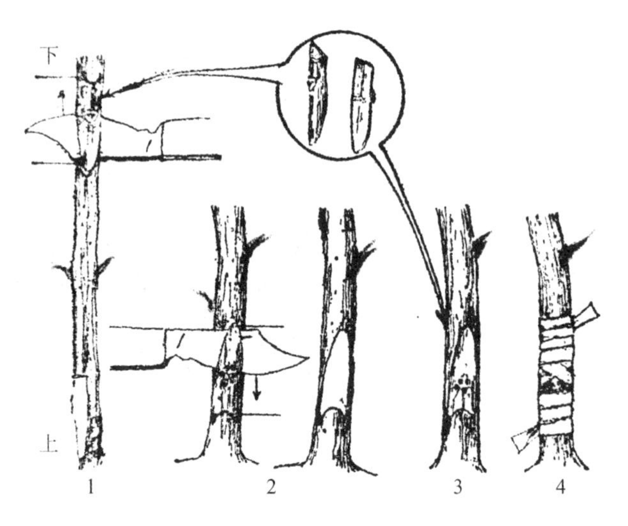


图 4-7　带木质部芽接

1. 接芽切削　2. 砧木切削　3. 嵌贴芽片于砧木切口　4. 绑缚

免了接口处出现鼓包疙瘩。更不能将未削去韧皮部的接穗部分插进砧木去，未削去韧皮，没有伤口，即不会产生愈伤组织，不但不能愈合，未削去的韧皮反倒在砧木和接穗之间起到隔离作用，即使下面削面部分愈合成活，在插入的带皮部分也会出现缝隙，不但在接口处会留有木橛剪口断面，无法尽快生长为通直的一体枝条，而且接芽萌发后，也容易被风折。

### (九)接后管理

1. 补接

芽接后 20 天左右，即可检查成活情况。接芽和接穗颜色鲜嫩饱满，芽接的，用手轻触叶柄即可脱落的，接口开始愈合，接芽开始萌动生长，说明已经嫁接成活。接穗枯萎变色，叶柄触碰不脱落，说明没有成活，应及时进行补接。

2. 除蘖

嫁接时因为剪去了原来苗木的大部分，接芽还没成活生长，不消耗营养，砧木基部会生长出许多萌蘖，为保证嫁接成活后的新梢

迅速生长，避免萌蘖大量竞争消耗养分，要及时、多次除去萌蘖。可在萌蘖幼嫩时用手抹除和掰除，作业时，要防止损伤接芽和撕裂砧木皮部。

3. 解膜松绑

接口愈合良好，接芽长至20～30厘米，应及时解膜松绑。过早解膜，接口愈合不好，接口处容易断裂；过晚，因接芽生长很快，绑缚的薄膜勒缢过紧，会影响接芽生长，甚至会勒缢出细痕；如果绑缚时连同砧木的嫁接断面一起包裹，绑缚的塑膜在砧木和接穗的愈伤组织之间形成隔膜，影响砧木和接穗产生的愈伤组织融合为一体，所以，要及时解膜松绑，更不能不解除塑膜，任其生长。解除塑膜时，因为接穗的生长增粗，绑缚的塑膜比原来更紧，如果用手解除或撕开去除，既容易碰伤接芽，又容易触动接口，可用单面刀片或裁纸刀、木工刀，将接芽对侧的塑膜纵向轻轻划开，再轻轻揭去绑缚塑膜。

4. 剪砧

7月以前芽接的，嫁接成活后，新梢开始萌发，为促进新梢生长，要及时剪砧。剪砧时，剪子刀刃要在接芽一侧，从接芽以上0.5～1.0厘米剪断。接芽对侧的剪口略微向下倾斜成缓马蹄形，一方面保护接芽，另一方面，略微倾斜的截面，可避免雨水和粉尘的聚集，防治病虫害的滋生，有利于愈合。

8月以后芽接的苗木，当年不剪砧，为半成品苗木。因嫁接时间较晚，当年剪去上部的砧木，接芽即萌发出新梢，而此时已进入秋季，新梢生长期短，冬季来临时，新梢木质化程度低，不充实，越冬时容易抽梢；即使不抽梢，由于生长量小，成为弱枝，第二年也长势不旺。因而，芽接较晚的苗木当年不宜剪砧放芽。第二年早春，苗木萌动前，在距接芽0.5～1厘米处剪去砧木，放出接芽，通过一个生长期的培养，到秋季即可培养为健壮的嫁接成品苗。剪砧方法同上。

## 三、扦插苗培育

### (一)插穗采集

扦插用的插穗，一定要选择优良品种作为采穗母树。否则，失去扦插繁殖的意义。于早春树液未流动前，选择无病虫害感染的青壮年良种母树采集，或选用通过多次嫁接，培育的无刺或少刺树冠上的枝条作插穗。选粗 1.0 厘米左右的年生健壮枝条，剪取枝条中下部木质化充分的枝段做插穗。插穗长 15 厘米左右，上端距饱满健壮芽 1 厘米剪截，下端剪截为马路形斜面，既便于扦插，也增加愈伤组织产生根系的面积和数量。每 30～50 根捆成一把。用湿沙(或土)埋起来备用。

母树年龄大小对扦插成活率影响很大，母树年龄小，生理活性强，扦插成活率越高。年龄较大的良种母树，为了提高扦插成活率，获取较多的可供扦插用的枝条，于前一年将部分枝干回缩，刺激萌发新枝。即可获取较多的优质插穗。

### (二)插穗处理

为提高扦插成活率，插穗可用植物生长刺激素处理。用 0.05% 或 0.1% GGR 溶液，浸泡 2 小时，浸泡深度为 4～6 厘米，处理后可直接扦插。

### (三)扦插

圃地的选择、平整、做床同播种育苗。一般于 3 月下旬至 4 月上旬扦插，插前圃地要灌足底水，灌水渗透后，土壤不黏时，耙抹整平，圃地较疏松时扦插。圃地土壤较硬时可开沟扦插，避免直接扦插挫伤插穗下端剪口处的韧皮部。行距 30 厘米左右，株距 15～20 厘米。扦插深度以插穗顶端芽子露出地面为度。外露过长，外露部分，在风吹日晒中易导致插穗失水，影响成活。

扦插后，在行间覆盖塑膜，以利保墒，提高地温。覆膜时，行间要稍高一些，使之成屋脊形，以利雨水渗入扦插行内。扦插后，在插穗发芽前，不可大水漫灌，以免灌水使地温下降，影响插穗生根、成活。因为插穗生根、成活的关键，是地温能否达到插穗剪口的愈合，根系萌发的要求。土壤干旱时，可顺扦插行适当喷水。

## 四、无刺花椒苗的培育

### （一）无刺或少刺花椒苗木培育机理

前文已经介绍，皮刺本来是花椒树重要的形态特征，但近年来发现，通过嫁接，可减少花椒树的皮刺。将这一特性应用于苗木繁育，采集少刺或无刺接穗，进行嫁接育苗，即可培育出少刺或无刺花椒苗木。

### （二）无刺花椒接穗的快速繁育方法

为满足生产上对良种无刺花椒苗木的需求，提高繁育系数和速率，快速繁育良种无刺花椒接穗是关键。在前述多次嫁接方法培育的无刺花椒植株上采集接穗，高接在立地条件较好、长势旺盛的青壮年花椒树上，将其作为无刺花椒采穗母树，营建无刺花椒采穗圃，即可快速繁育出大量无刺或少刺花椒接穗，进行无刺花椒苗木的嫁接繁育。因为高接在健壮青壮年砧木上的接穗，会很快萌发出健壮的枝条（接穗），休眠期在其中下部壮芽处剪截，剪取的上部枝条用作接穗，第二年，下部又可萌发健壮枝条，培育出大量优质接穗。

无刺花椒苗的嫁接培育方法，同良种嫁接苗的培育，不再赘述。

## 五、苗木出圃

花椒苗的出圃是花椒育苗的最后一道工序，也是保证花椒苗木质量的关键。出圃工作的好坏直接影响到苗木的质量和栽植成活率，因此应引起高度重视。

### （一）起苗

起苗时间要与花椒建园栽植时间相衔接，最好在栽植的当天或前一天起苗。秋季栽植应在苗木落叶进入休眠期后起苗；春季栽植应在苗木萌动前；雨季造林则要随起随栽，并去除叶片，减小蒸腾、蒸发对苗木体内水分的消耗。

圃地土壤干旱时，在起苗前 7 ~ 10 天适当浇水，待土壤不干不黏时起苗。深度要达到 20 ~ 25 厘米，根系完整。

### （二）分级

起苗后对苗木进行分级。主、侧根完整，须根发达，地径在 0.7 厘米以上、苗高在 70 厘米以上，发育充实、生长均匀的苗木为出圃合格苗。将合格苗与不合格苗分开，同时剪除苗木上带病虫、损伤、发育不充实的枝梢及畸形根系。然后按 50 或 100 株打捆。

### （三）假植

苗木分级后不能立即栽植或调运时，需进行假植。假植时，选择排水良好、土壤湿润、背风的地方，挖一宽、深 40 ~ 50 厘米，与主风方向垂直的沟。迎风面的沟壁成 45°倾斜面，将苗木排放在斜壁上，用细碎的湿润土壤培埋。一定要培埋踏实，避免苗木、土块缝隙，造成苗木失水。一般要培土达苗高的 2/3 以上。而在寒冷多风地区，应将苗木全部埋入土中。培土高出地面 15 ~ 20 厘米，以利于排水。

### （四）蘸浆

苗木调运时要对根系进行蘸浆。蘸浆时，在水中放入细碎黄土，搅成糊状泥浆，将苗木根部放入泥浆内，使根系全部裹上泥浆，有利于根系保湿，提高栽植成活率。

### （五）检疫

苗木出圃时，要对苗木进行严格产地检疫和外调检疫，并签发检疫证。发现带有检疫对象的苗木，应立即集中烧毁。外调苗木，要经过国家检疫机关检疫并签发检疫证才可调运。

### （六）调运

外调苗木时，为防止苗木根系失水或损伤，应对苗木进行包装，苗木包装材料可选用草袋、蒲包等轻质柔韧材料。按每 50 ~ 100 株 1 捆进行包装，并要注明产地、品种、数量和等级等。长途调运的，装车后，用篷布包装严实，避免苗木吹风失水，并尽量选择在夜间运输，避免白天太阳照射高温对苗木的损伤。

# 第五章
# 花椒园建立技术

## 一、园址选择

花椒喜温暖、抗寒性差，建园园址选择，在山西南部地区海拔高度1200米以下，中部地区海拔1000米以下，最低气温不低于 -20℃，选择背风向阳的阳坡、半阳坡，土层较为深厚的壤土或沙壤土，土壤pH值中性或微碱性。

不宜在重黏土、盐碱地、红色酸性土壤、地下水位较高地带上建园，也不宜在风口、山顶、过风梁上建园，坡脚、谷地和低洼地带，易积聚冷空气，遭受晚霜冻害，也不宜用作椒园。

## 二、整地

### （一）整地的意义

花椒树是一个强喜光的树种，为了满足这一生物生态学特性，大都栽培在光照条件较好，同时也较为干旱、贫瘠的阳坡半阳坡上。所处的立地条件，与其优质丰产所需的肥水条件相矛盾；在丘陵坡地椒园，水源缺乏，即使有水源，受地形限制，也难以实施浇灌。所以，在这种情况下，要立足于旱作林业技术，弥补土壤水肥的不足，使其既满足强喜光、喜温暖的特性，又可提供较好的土壤水肥条件，为花椒良好生长、优质丰产创造条件。所以，一定要充分认识，整地是给椒园优质、丰产、高效提供良好水肥条件的基础性和前提性的重要保障。

建园前，除按照旱作林业技术的要求，认真、细致整地外，还要结合整地，施足基肥。结合整地施肥，要以有机肥、农家肥为主，与表土混合均匀后，施入每个栽植穴的底部，既增加土壤肥力，也改善土壤的通透性，为花椒树的生长发育，椒园的优质、丰产、高效打好基础。

### (二)径流林业技术

径流林业技术，简单地说，就是在干旱地区的坡面上，采取相应的整地技术措施，将栽植穴上部的地表径流汇集到栽植穴，在天然降雨较少的地区，变无效降雨为有效降雨，增加穴内土壤水分，创造相对充足的水分条件，满足林木的生长发育。径流林业技术，不但可增加穴内土壤水分，还可将坡面上的地表径流化整为零，汇集在穴内，充分利用，避免和控制了水土流失，起到良好的水土保持、改良生态的作用。

### (三)整地方式

1. 反坡穴面整地

在干旱贫瘠的阳坡上营建椒园，土壤水分成为椒树生长发育、开花结果、优质丰产的主要矛盾和限制因素。为了增加土壤水分，提高土壤蓄水保墒能力，可采取“开源节流”“增收节支”的技术措施，整地时，将栽植穴修筑为外高里低、向内倾斜的反坡穴面(图 5-1)。这种反坡穴面，在北方降水量较少的气候条件下，有天然降雨时，

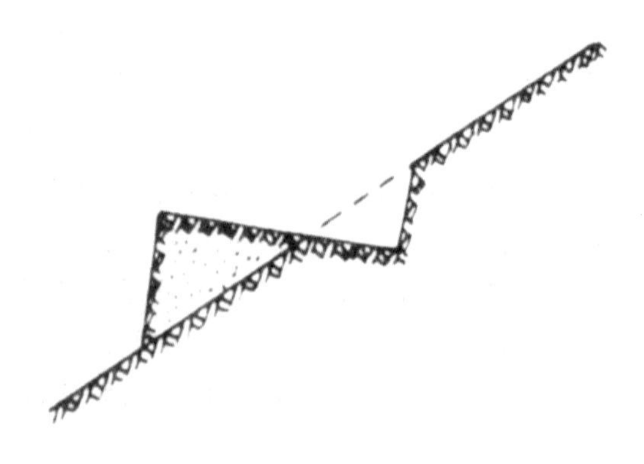

图 5-1　反坡穴面整地纵剖面示意图

向内倾斜的穴面，可截流坑穴上部的坡面径流和积蓄降雨到穴内，增加土壤含水量，起到良好的“增收”作用；晴天，向内倾斜的穴面，减小了太阳照射角，降低了穴内土壤温度，减少了土壤水分自地表的无效蒸发，起到良好的“节支”作用。如此，增加了“收入”，减小了“开支”，在干旱阳坡上增加了土壤水分，提高了土壤含水量，即可给椒树生长发育创造良好的水分条件。所以，适应花椒阳性树种特性，在光照充足、较为干旱的条件下建园，均应修建为反坡穴面。

在整体为阳坡的坡面上，将每个栽植穴修筑为反坡穴面，截流其上部一定范围坡面内的径流于穴内，既满足了花椒喜温暖、强喜光的特性和需求，也改善了土壤的水肥条件，满足花椒树对水肥营养的需求，为椒树的生长发育、开花结果、优质丰产，创造相对比较好的条件。每一坑穴，将坡面径流化整为零，分散截流应用，很好地控制了坡面径流造成的水土流失，技术简单，操作简便，成本低廉，但作用是多方面的，效果是非常显著的。

2. 水平梯田

水平梯田，在坡地建园中是最为普遍和最为常见的，与农用梯田整地大体相同。田面宽度根据坡势和造林密度(行距)要求而定，长度不限。阳坡具有光照充足，上下梯田互不遮阴的特点，可适当缩小行距(田面宽度)。坡度较陡的山坡(20°以上)，修筑成宽1.5米的阶状梯田，栽植一行椒树；较平缓山坡(15°左右)可修筑成4～5米宽田面，栽植2行椒树。

修筑方法：土层深厚的坡面，坡面的宽度、地埂的高低，均较为随意的确定，土石山坡受基岩等影响，难度相对较大，故以其为主予以介绍，土层深厚坡面，可借鉴应用。

按照坡面的具体情况进行规划，确定梯田间距和田面宽度。定线清基后，采取拣明石、挖暗石的方法，沿所划地埂线砌垒石坎。砌垒石坎要做到：底石要大，里外交叉，大面向外，小面向里；条石平放，片石斜插；圆砌品形，块石压茬；石缝错开，嵌实咬紧；小石填缝，大石压顶；填饱焊实，切忌土拥。石坎砌好后，将田面上的石头普拣一遍，填在石坎内下侧，然后将坡面上的土扒入坑内整平。鉴于石质山区土层瘠薄，石砾含量较多和花椒树适应性较强的特点，卵状大小的石块不必拣除，在栽植和管理过程中，这些石块浮露地表，还可起到覆盖穴面、蓄水保墒的作用。为防止地表水在田面产生径流，冲毁梯田，较长的梯田，每隔 8 ~ 10 米要修筑一“竹节埂”，即截流土埂。

3. 前平后坡式梯田

前平后坡式梯田，是在坡度较陡，土层又较薄的山坡上，由于土壤短缺，加之受基岩限制，多采用这种整地方式。石坎砌成后，将坡面上的土壤和小石砾扒入石埂内侧附近，把田面前沿部分填平为栽植穴面，后部的坡面或基岩呈坡式地表，形成“前平后坡式”。一般情况下，田面宽度为 1 米，坡面宽度，视坡度和可搜集的土壤确定。土层越薄，可搜集到铺垫坑穴的土壤越少，越要加大隔坡宽度，以满足铺垫坑穴的土量。修筑好后，椒树栽植在前部土层较厚处，后部的坡面，和径流林业技术一样，还可起到集水作用，将降水汇集在前部坑穴，提高土壤含水量，供椒树生长结实。

4. 坡式梯田

在土层较厚或石块不足难以达到垒坎高度的情况下，为了省工省力，尽早把椒园建起来，可在不致引起水土流失的前提下，将田面修筑成具有一定坡度的田面，在椒园的耕作管理过程中，逐步加高石坎地埂，整平田面，改造为水平梯田。修筑这种坡式梯田，一定要严格掌握田面坡度，不得超过 3° ~ 5°，否则，易发生水土流失，冲毁梯田。

5. 块状整地

在地形较为破碎或岩石裸露严重的地带建园，梯田式整地难以施工时，可采取灵活多样的块状或小条状整地方式。根据地形起伏变化，按照“大弯就势，小弯取直，随高就低”的原则，修筑成大小不等，高低不一的块状和小条状梯田。有窝石或大块石头的地方，可搜集其上面残留的粗骨土壤，在窝石下部修筑栽植穴或小块梯田。

6. 翼状整地

翼状整地方法，就是在坡地上采用鱼鳞坑块状整地方式时，在“品”字形排列坑穴坡面上，自上一行相邻的两个穴埂基部，向下面栽植穴开挖一条引水沟槽，像两翼一样，将坡面的径流引入下面的栽植穴，增加坑穴内的土壤水分，供树木生长利用。

这种在块状整地的基础上，开挖翼状引流沟槽的翼状整地方式，虽然操作简单，投工不大，效果却十分显著。首先是，在容易发生水土流失的坡面上，开挖的引流沟槽像一张网一样，覆盖和控制了整个坡面的天然降水和地表径流，使之化整为零，在各自控制的范围内分散利用，也就控制了整个坡面水土流失的产生和发生；其次，将坡面径流全部汇集于栽植穴内，在干旱贫瘠的坡面上，增加了穴内水分，为椒树的生长发育、开花结果提供相对较好的水分条件。

## 三、苗木准备

优良品种是椒园优质、丰产、高效的基础和前提。所以，建园用的花椒苗木一定要选用优质、高产的良种壮苗。首先要选用经过在当地进行过区域栽培试验、确认适宜当地自然气候、立地条件的优良品种，品质纯正，没有混杂的苗木。

其次，要求苗木健壮，根系完整，须根发达，根茎比大，苗高80～100厘米，根茎0.8～1.0厘米，芽体饱满，无病虫害感染的健壮苗木。

外调苗木，要通过检验检疫，杜绝将国家和地方规定的检疫对象带入本地。要注意，起运过程中，严密包装，防止苗木失水，确保苗木的新鲜活力。

外调苗木，还要注意苗木不“倒流”，即不自低纬度、低海拔的温暖地带，向高纬度、高海拔的高寒地区调运苗木。因为秋季，温暖地区苗木落叶晚，进入休眠期也晚，落叶后再调运至高寒地区，土壤已冻结；春季，温暖地区苗木萌动发芽早，待高寒地区土壤解冻造林时，温暖地区苗木已发芽，严重影响成活率。即使勉强成活，也缓苗期长，长势弱。非得“倒流”调运的，可在秋季苗木落叶进入休眠期后，将苗木调回，挖土坑，将苗木全部埋入土中，来年春季挖出栽植。

准备苗木时，还要考虑补植用苗，根据建园面积，立地条件和栽植经验，准备充足的补植用苗。补植一定要用与建园时所用苗木，同一个品种、同一个规格，这样物候期一致，便于管理；成熟期一致，便于统一采摘；产品整齐划一，商品价值高。

## 四、栽植

### (一)栽植季节

花椒建园栽植，一般雨季和春秋季均可。

雨季栽植，宜选择阴雨天气进行就地移栽，不可长距离调运苗木。优点是延长了造林时间，栽植后，幼苗经过雨季和秋季的生长，越冬抗寒能力强，第二年春季长势也好，有助于解决春季干旱缺水、栽植成活率低的问题。

春季栽植，要强调一个“早”字，即在早春土壤解冻至苗木萌动前完成建园造林。一般在惊蛰到春分前后栽植。

秋季栽植，在苗木落叶进入休眠期后进行，一般在寒露前后。秋季造林，为避免苗木地上部分，在漫长的冬季风吹日晒对苗木体内水分的消耗，可采取截干造林方法，并埋土防冻，翌年春季扒开。

各地可根据当地气候条件确定具体的栽植时间，总的原则是，雨季栽植，要选择好阴雨天气，抓住有利时机；春季和秋季栽植，要在苗木休眠期进行。因为休眠期苗木不活动、生长，不消耗体内水分，可保持体内水分平衡，提高栽植成活率。

### (二)密度

椒园的栽植密度，要根据立地条件、栽植的花椒品种，综合考虑决定。地势平坦，土壤水肥条件好的土地，株行距为 3 ~4 米 ×4 ~5 米；干旱地区 2 ~3 米 ×3 ~4 米；坡地椒园，上下互不遮阴，通风透光条件好，根据坡度大小，可适当缩小行距。总的原则是，立地

条件好，株行距越大；立地条件差，株行距可适当缩小。

**（三）栽植方法**

栽植时，要遵循“穷家富路”“吃饱喝足再上路”的原则，栽植前，将苗木根系浸泡在清水中半天左右，使其充分吸水后栽植。栽植时，用泥浆蘸根，保持苗木水分，促进根系与土壤的密切结合，有利于苗木成活。

1. 常规栽植方法

建园栽植，可采用常规的“三埋两踩一提苗”的栽植方法。先将肥料和表土混合均匀，填入栽植坑底部；再将苗木放入坑中后培入心土，在培土至一半时轻轻提动苗木，使根系舒展，提苗后再向下踩实；埋入剩下的心土与地面平齐，进行第二次踩实。最后将穴面整平，或整为浅锅底形树盘。栽植后，浇一次透水，待浇水下渗后，覆一层虚土，防止地表板结和水分蒸发。

栽植的深度，不宜太浅或太深，北方干旱地区栽植深度可总结为“浅了不活，深了不发”。就是说，栽植过浅，表层的土壤水分很容易蒸发散失，苗木根系处于干旱土层中，难以成活；栽植过深，虽然将部分苗干埋入地下，减少了蒸腾、蒸发，虽然成活率相对较高，但深层土壤温度低，通透性不良，不利于苗木根系的呼吸和活动，也就不能很好地吸收土壤水分和养分，供幼苗生长。所以，我们经常看到栽植太深的苗木，虽然成活，但就是不长，甚至到第二、第三年，幼苗都不怎么生长，群众把这种现象称之为“不发苗”。

为此，要采取“深挖坑，浅栽树”的技术措施。栽植时，挖大坑，回填后，坑穴内的土壤疏松，有利于苗木根系的呼吸和延伸生长，增强根系的活力和吸收功能，促进苗木快速生长发育。一般栽植深度，略深于苗木在圃地的深度 2～3 厘米为宜。这个深度，是栽植完，浇水渗透后，穴面覆盖虚土、整平后的深度。切不可以填土深度为准，因为浇水后，回填的土壤还要踏实下沉，再覆土整平，又加深了栽植深度。

2. 截干造林

截干栽植，是北方干旱地区提高造林成活率的重要技术措施。

造林时，截去苗木地上部分的大部分苗干，仅栽植保留一小段苗干的苗根。将大部分苗干截去，可减少苗木地上部分的水分散失，保持苗木体内水分的平衡，提高在干旱条件下的造林成活率。留干高度一般为距根茎处 10 厘米左右；嫁接苗距嫁接口 10 厘米左右，并注意保护接口，在进行截干作业时不损伤接口。

秋季采取截干栽植，栽植时，将截干后的苗木全部埋入土中，在北方漫长的冬季，不经受风吹日晒、低温冷冻的考验，体内水分没有损耗；气温虽然逐步下降，但地温滞后气温下降，苗木根系在土壤冻结前，根系已与造林地土壤密切结合，并开始萌发新根，为来年春季提供良好的吸收功能做好准备，不但成活率高，而且来年春季，幼苗萌发早，长势旺。同理，春季截干造林后，根系在造林地土壤中“安家落户”、孕育新根的过程，也是留下的苗干部分孕育萌芽的过程。待萌芽孕育成功开始萌发时，苗木根系也已孕育出新根，为萌芽生长提供良好的吸收功能。所以，截干造林的优点和好处可总结为：成活率高，缓苗期短，长势旺盛。

截干栽植技术，也可在苗木萌动前未来得及栽植，延误了栽植时间，苗木已萌动发芽的情况下，作为补救、应急的技术措施应用，既可赶时间提前完成建园，苗木成活也有保障。

截干作业，最好在起苗前进行，这样从苗木起苗、根系出土时，即减少了苗干对水分的蒸发散失，更有利于保持苗木体内水分平衡和苗木鲜活度；另一方面，去掉苗干的大部分，也方便起苗作业；同时，没有了苗干，减小了苗木体积和占用空间，既便于包装、调运，也可加大装运数量，或减小运输车辆，降低调运成本。

由于截干栽植成活后，会自基部萌发出多个萌芽，要及时抹芽定株。当萌芽长至 20 厘米左右时，留一壮芽作为培养植株，及时抹除其余萌芽，避免竞争和影响树形培养。如果是嫁接苗，注意留用接口以上的壮芽，抹除砧木上的萌芽。

3. 平埋压苗栽植

在土层浅薄、干旱贫瘠的石质山区和土石山区，为了提高栽植成活率，我们根据花椒属浅根性、须根性树种，不定根萌生力强的特性，在土层浅薄，挖不了大坑，栽植不深的情况，摸索出“平埋压苗栽植法”。就是在整好的穴面内，挖长 30 ~ 50 厘米（视苗木大小而定），宽 20 ~ 25 厘米的植苗沟，栽植时，将苗木下部的 2/3 部分，平斜着植入沟内，使苗木根系舒展，苗梢部扶正直立，露出地面，埋土踩实，表面再覆一层虚土，以利保墒。

我们试验观察，用平埋压苗栽植法栽植的椒树，埋入地下的苗干部分，第二年已呈乳黄色，上面密生着多条垂直和水平生长的侧根群，并在侧根上分生出大量成簇的须根（图 5-2），幼树生长健壮，较一般造林方法栽植的幼苗长势旺盛，生长量大。通过观测研究，我们总结平埋压苗栽植法，具有以下优点。

**图 5-2　平埋压埋栽植法（根据照片临摹）**

（1）成活率高　平埋压苗栽植，将部分苗干埋入地下，减少了蒸腾、蒸发对苗木体内水分和养分的消耗，保持了苗木体内水分的平衡，所以可提高造林成活率。

（2）根系发达　埋入地下的苗干部分，很快萌发出大量不定根，增加了苗木的根系，我们调查测定，幼树侧根数量比常规造林方法多 1/3 以上，和原生根系一起构成庞大的根系吸收系统。

（3）缓苗期短　平埋压苗栽植，减少了蒸腾、蒸发对苗木水分的消耗散失，保持了体内水分的平衡，所以，幼苗很快可在新的造林地上进入生长状态。据我们观察，用这种方法，在雨季造林，栽植后，叶片基本没有萎蔫现象，没有明显的缓苗过程，即可开始生长。

(4)延长了栽植时间，扩大了栽培范围　平埋压苗栽植法，春季、雨季和秋季均可栽植，而且每个栽植季节都较常规造林方法栽植时间长，成活率高。在土层瘠薄，难以栽植花椒的石质山区和土石山区也可营建花椒园，扩大了花椒的栽培范围。

(5)长势旺，挂果早　缓苗期短，根系发达，吸收功能强，幼树长势旺盛，树冠形成快，开始挂果，可比一般造林方法提前一年挂果。不仅幼树挂果早，也给椒树的优质丰产奠定了基础。

(6)方法简便，易于推广　这种方法，原理明了，方法简单，效果明显，很为群众接受，也就自然推广开了。

平埋压苗栽植法在土层浅薄的坡地试验成功，取得良好效果的基础上，我们顺应花椒浅根性、须根性、根系分布在浅层土壤中的特点，推而广之，在土层较为深厚的土壤上，也采用了平埋压苗栽植法，同样取得良好效果。

采用平埋压苗栽植法可简要总结为：成活率高，缓苗期短(或基本没有缓苗期)，根系发达，长势旺盛，挂果早，还可延长栽植时间。

在应用该技术时，压苗的方向，应该顺着行向，“压”在株间，以免机械化作业，进行深翻、旋耕时伤及压入部分。压入部分的朝向，也应一致，以均匀分布，充分利用地下空间。压入的根系宜朝北，这样，树冠的阴影可减少太阳照射，对压入部分的根系密布区，起到遮阴保护作用。

**(四)穴面覆盖**

干旱立地条件下建园，栽植完成，浇水下渗后，将穴面覆土整平，用塑膜覆盖穴面。一是充分利用塑膜覆盖的温室效应，可起到提升地温作用，满足根系对土壤温度的要求，促进根系活动吸收；二是阻止土壤水分自地表的蒸发，减少浇水次数，防止土壤板结，提高土壤含水量，满足椒树对土壤水分的需求；三是抑制杂草生长，减免除草用工，事半功倍，一举多得，一定要做好。

覆膜时，贴近苗干处要用虚土将苗干与塑膜隔开，避免中午膜内高温对苗干的灼伤；塑膜四周和接缝处，用虚土压实，防止大风将塑膜吹起。

## 五、补植

建园栽植完成后，一定要及时检查栽植成活情况，及时补植。补植时，一定要用与建园时一致、同一品种、同一规格的苗木补植。这样，既保证了单位面积的株数，充分利用了土地资源，也不会出现补植太晚，补植苗木被压的现象；品种、规格一致，物候期、成熟期一致，便于管理、采收，产品整齐划一，商品价值高。切不可等到挂果后，发现影响产量时才补植。因为挂果后，建园栽植的苗木已经长大挂果，补植苗木矮小被压，难以补植成功。

# 第六章

# 花椒树整形修剪技术

花椒树为灌木或小乔木，一般采用自然开心形、丛状树形，部分长势旺盛，树体较为高大的品种，也可采用主干疏散分层形。本书以常用的自然开心形为例介绍花椒树的整形修剪。

## 一、修剪时期及特点

### （一）生长期修剪

生长期修剪，指的是花椒树在春季萌芽后到秋后落叶前处于生长期的修剪，因为这一时期主要是夏季，所以又叫夏季修剪，简称夏剪。

这一时期，树体长有大量的新梢及叶片，树体中贮藏的营养和当年制造的营养，大多在树冠的枝梢中，树体处于旺盛活动时期，若剪掉部分枝梢，必然会影响营养物质的合成和造成营养物质的损失，从而抑制根系的生长和削弱树势。所以生长期修剪量要小，应多动手，少动剪。主要目的是调节营养生长与生殖生长的矛盾，控制枝条的徒长，促进花芽分化等，提高当年产量，也为以后的连年丰产、稳产奠定基础，辅助以对树形的培养。

生长期修剪的内容很多，主要包括摘心，抹除无用萌芽，通过拉枝、扭梢、拿枝、别枝等手法，抑制枝条的徒长，调整枝条生长的方向和角度等。虽然基本不剪截枝条，但作用和效果却是非常明显的，可起到抑制徒长，促发侧枝；促发花芽，增加结果；开张角度，平衡树势；理顺关系，明确从属；调整枝态，培植树形等作用。

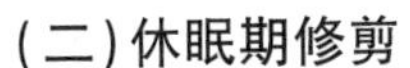

### (二)休眠期修剪

休眠期修剪，理论上是指果树秋季落叶后到翌年春季萌动前的修剪，由于这一时期基本都是冬季，因而又叫冬季修剪，简称冬剪。

在这段时期内，树木营养物质已由顶端的枝梢向下部粗大的枝干和根系回流贮存，到翌年春季萌动时才向上调运。树体处于休眠状态，生命活动十分缓慢，营养消耗极少，所以，这一时期修剪对树体养分损失最少，而且剪掉无用的枝条，还可使所保留的养分更加向有用的枝条集中调供，只要能使修剪伤口得以保护和及早愈合，即有利于来年树体的生长发育，对树势就具有良好的促进和增强作用。

休眠期修剪的最佳时期，主要考虑该地区低温对剪口愈合的影响。北方冬季严寒漫长，常有冻害发生，以冬末、早春至树木萌动，树液开始流动前完成为好。

休眠期修剪的主要任务是，在夏季修剪的基础上，培养良好、稳固、丰产、稳产的树形。选留和培养骨干枝，调整结果枝组的大小与分布，处理不规则枝条，控制总枝量和花芽数量。同样要剪除交叉重叠枝、过密枝、下垂枝、病虫害感染枝等。

### (三)休眠期修剪与生长期修剪的关系

休眠期修剪和生长期修剪，是修剪环境、修剪内容、修剪方法及其所产生的生理作用等完全不同的修剪方法。生长期修剪和休眠期修剪的修剪目的和修剪作用不同，产生的效果也不同，二者相互作用、相互促进。生产实践中，要相互配合，不可相互替代。只有有机结合，巧妙应用，才能相得益彰，共同促使形成良好树形，确保连年丰产、稳产。

## 二、常用主要修剪方法

为了便于介绍花椒树的整形修剪，现将其常用的几种基本修剪方法和手法作一简介。

### (一)摘心

摘心，是在夏季生长期，对当年生新梢，摘除顶芽的修剪方法。

由于是对当年生嫩梢顶芽生长点的截去，不需要用剪刀剪截，用手即可摘除，所以叫摘心，好多地方群众也形象地称之为“打顶”。

摘心的主要作用是，摘除顶芽，阻止枝条的延伸生长，可控制徒长枝的徒长，削弱枝条的顶端优势，缓和长势，促使枝条下部侧芽萌发侧枝，促使枝条由营养生长转化为生殖生长，既避免了徒长枝下部光秃带的形成，也可促发侧枝，并使促发的侧枝分化花芽，及早结果。

摘心时机掌握得好，摘心后促发的侧枝，当年即可形成花芽，来年开花结果，增加产量。理论上讲，摘心的最佳时机和所留枝条的长度，应该是摘心后，促发侧枝的数量多，而且可当年形成花芽，来年结果。各地因纬度、海拔高度、地形地貌形成小气候的不同，不同花椒品种枝条的长势和花芽形成的习性也不同。总的原则是，气候温暖，生长期长的地区，土壤水肥条件较好的，枝条长势旺盛，摘心时间晚，留枝长度长；生长期短的地区，土壤水肥条件不良的，要早摘心，短留枝，确保当年促发的枝条形成花芽，第二年结果。比较高寒、干旱、瘠薄的立地条件，枝条长势较弱，则无需摘心。

**（二）拉枝**

拉枝的主要目的是控制枝条的延伸生长，调整枝条的生长角度和方位。当枝条开张角度较小时，可采用拉枝的方法，开张角度，改善通风透光条件。直立徒长枝，或长势较旺的枝条，有空间位置的，可将枝条拉斜、拉平，抑制徒长，促发侧枝，形成花芽，来年结果。

对于偏冠或树冠中的空档，拉枝可改变枝条的生长方位，将其拉至空缺处，弥补空缺，使树体圆满、均衡、充实。

拉枝强度，视枝条长势和长度确定，长势越旺，拉枝强度越大；长势过旺、较长的徒长枝，可将其拉平，待其长势缓和，萌发出侧枝，形成花芽开始结果时，再调整其角度。与其相反，长势中庸的枝条，拉至斜向上即可。

拉枝方法，可用树枝、木橛等倾斜打入地面，用绳子或铁丝等

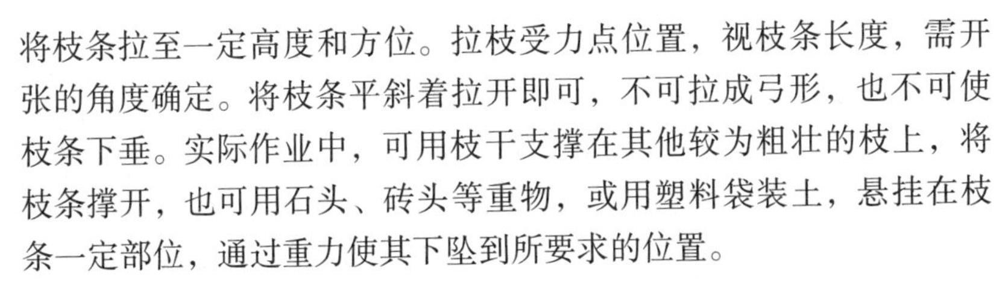

将枝条拉至一定高度和方位。拉枝受力点位置，视枝条长度，需开张的角度确定。将枝条平斜着拉开即可，不可拉成弓形，也不可使枝条下垂。实际作业中，可用枝干支撑在其他较为粗壮的枝上，将枝条撑开，也可用石头、砖头等重物，或用塑料袋装土，悬挂在枝条一定部位，通过重力使其下坠到所要求的位置。

**（三）刻芽**

刻芽，是在春季萌芽前，用刀或剪深刻枝条皮层至木质部的方法。由于是在芽的上位横刻一刀，其形状如闭合眼睛的轻伤方法，所以也叫目刻。

树冠因短缺主枝形成的偏冠，骨干枝上因没有枝条形成的空当，均可用“刻芽补缺”的办法补起。在芽的上部，距芽 1 厘米处，横刻一刀至木质部，将韧皮部刻断，暂时截留由根系向上输送的养分和水分于芽体，激发本来不萌发的芽子萌发，形成壮枝，保证各种骨干枝的按时按位培养；弥补树冠内的空当、空缺，使树冠饱满充实，没有空当。

同样的道理，当空缺处虽有枝条，但长势较弱，难以补起空缺时，在枝条的上部横刻一刀，暂时截留由根系向上输送的养分和水分，扶持其健壮生长，将空缺补起。

**（四）徒长枝的修剪**

1. 徒长枝的特点

①营养生长过旺，不会形成花芽结果。

②如果在休眠期采用中截的修剪技术进行中截，因为中部为饱满壮芽，第二年，又会自剪口处萌发出几个徒长枝，还是不能分化花芽结果。

③如果采用缓放的技术措施，进行缓放，由于顶端优势的作用，第二或第三年，只能在徒长枝的顶端或上部，萌发几个较为中庸或较弱的枝条，在较长徒长枝的下部会形成光秃带，也叫“光腿”，影响空间的利用和以后多年的丰产。

④与结果枝形成竞争，影响结果枝的开花、坐果和果实发育，

还无效消耗大量营养，更推迟2~3年结果，影响及早收益。

2. 徒长枝的控制和利用

①对徒长枝的管理，最好的方法是进行夏季修剪。即在生长期，在徒长枝生长到一定长度时，对其进行摘心，阻断其继续延伸生长。因为一般徒长枝在春末夏初即可形成，并达到适合摘心的长度。此时摘心，徒长枝被摘去顶芽，不会继续延伸生长，也就控制了徒长。此时正是盛夏生长旺季，就会在徒长枝上促发出较为健壮的侧枝。这些侧枝长势中庸，又是伏天，气候适宜，即可由营养生长转化为生殖生长，分化花芽，翌年成为优质丰产的结果枝组。

②如果生长徒长枝的地方，没有足够的空间培养结果枝，应及时抹除萌芽，避免其生长为徒长枝，竞争和消耗大量养分。否则，萌发为徒长枝，不仅消耗大量营养，而且影响通风透光，到休眠期还要从基部剪除，费工费力，还在贴近枝干处留一剪口伤疤。

③如果萌芽部位空间不大，不能培养较大的结果枝组，可采用扭梢、拿枝、别枝的手法，将其培养为中小结果枝。

④如果不懂夏季摘心，或夏季没来得及摘心，徒长枝已经成长为较长的枝条，如果有空间，可采用“拉枝”的手法，春季萌动前，将直立的徒长枝向下拉斜、拉平，既抑制了徒长，又促发了侧枝，当年即形成花芽，第二年开花结果，培养为良好的结果枝组。

## 三、幼树的整形修剪

### (一)定干

幼树栽植后即定干，定干高度根据树形、是否间作和是否采取机械化作业而定。采用开心形树形的，一般定干高度为60厘米左右，选取饱满壮芽，在距芽上方1厘米处定干。长期间作和采用机械化作业的椒园，以方便间作物的管理和机具设备的大小，便于生产管理和机械化作业，适当提高定干高度。

### (二)主枝的培养

幼树的整形修剪，一般遵循“一混二整三成形”的原则，即栽植当年，基本不修剪，尽可能利用幼苗萌发的枝叶，扩大绿色光合作用营养空间，恢复和增强树势，促进根系发育生长，扩大根系生长量，为下一步的整形修剪奠定基础，创造条件。

第二年早春萌动前完成幼树的整形修剪。在主干上，选择方位合适、生长健壮的 3 ~5 个枝条用作主枝，剪除其余的枝条。选留枝条时，尽量不在正南方培养主枝，避免对其他主枝造成遮阴，影响整株树木的光照。主枝要均衡排布在主干上，以充分利用空间。选取方位合适的健壮枝条作为主枝进行培养。每个主枝间的夹角基本均匀一致。主枝开张角度 50°左右，可通过拉枝、撑枝、压枝等方法调整其开张角度。以后，逐年延长主枝长度，视株行距和空间位置确定主枝的长度，以相互不交叉、郁闭为度。

**(三)侧枝的培养**

在每个主枝上，距离主干 30 厘米左右，顺时针(或逆时针)方向，选取主枝侧面斜向上的枝条，留作第一侧枝进行培养。在距第一侧枝 30 厘米左右的对侧(如果第一主枝是顺时针方向，第二主枝则是逆时针方向)，选取方位合适，着生在主枝侧面斜向上的枝条留作第二侧枝。以后，用同样的方法，在距第二侧枝 30 厘米左右的对侧，选留第三侧枝。这样，交错、均衡，螺旋状的排列，不仅树势均衡，有利于空间的充分利用，也有利于通风透光(图 6-1)。侧枝的

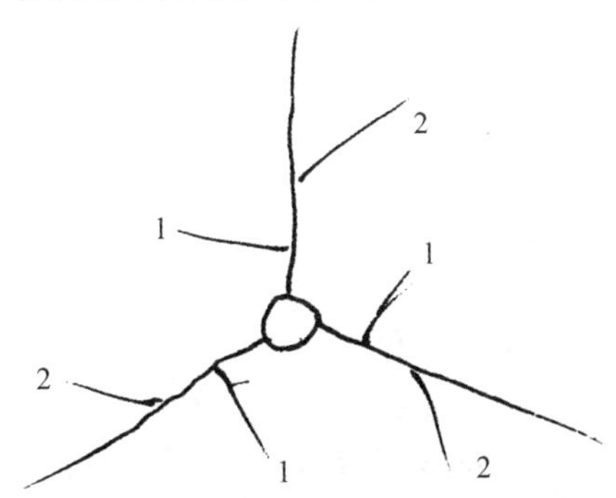


**图 6-1　幼树主、侧枝培养俯视示意图**

1. 各主枝上的第一侧枝　2. 各主枝上的第二侧枝

培养，可随着树体的长大，树冠的扩展，主枝的培养，逐年完成。侧枝的长度，以枝条之间相互不交叉、重叠为宜。

枝条开张角度小，方位不合适时，可用拉枝、挂土袋下坠，或树枝支撑的方法调整。拉拽受力点位置的选择，以枝条的长度、粗度、角度等确定。

## 四、初果期的修剪

建园后的幼树到挂果的过渡时期，没有明显的界线，花椒树管理得好，修剪技术得当，到第三年即可开始挂果进入初果期。此时，树体还不大，虽然开始挂果，但还处在幼树阶段，也可以说是幼龄树和初果期树的交叉时期。该阶段整形修剪的主要目的和任务，就要整形和促果二者同时兼顾，具有双重作用，既要使幼树继续扩大树冠，培养良好的树形，也要促使其尽快挂果，形成产量，及早获取收益。二者同时兼顾，才能培养良好树形、培养骨干枝的同时培养结果枝组。

这一阶段，树形的培养，主要是骨干枝和结果枝组的培养。首先是主枝的培养，如果主枝不够长，还有培养空间，则继续促使主枝的延伸生长。为防止其延伸生长过程，在枝条基部形成光秃带，夏季及时摘心促发侧枝。为使主枝快速健壮地生长，早春萌动前，在主枝上端方位合适的健壮饱满芽处进行剪截，促发壮枝，引领主枝生长，即可培养粗壮的主枝。主枝开张角度较小的，及时拉枝开张角度。

在主枝侧面合适的部位，选留斜向上的枝条培养侧枝。幼树枝条长势较旺，及时采取摘心、拉枝、扭梢、拿枝、别枝的技术措施，促发侧枝，培养结果枝和结果枝组。及时抹除无用萌芽，避免形成竞争和扰乱树形。

培养结果枝时，要顺应椒树顶端结果、对花椒的采摘相当于对枝条摘心的特性，在采取修剪技术措施培养结果枝的同时，加强土肥水管理，适当提早摘心，尽可能加大结果枝的生长长度，延长结

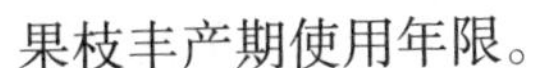

果枝丰产期使用年限。

在欲培养枝条的空缺处，没有萌芽、枝条可培养，或欲培养枝条较弱时，春季萌动发芽时，及时在萌芽或弱枝的上部刻芽补缺，刻弱扶壮，将空缺补起，保证树势的均衡和空间的利用。

未被选为侧枝的大枝，可做辅养枝进行培养。既可以增加枝叶量、积累养分，又可增加产量。只要不影响骨干枝的生长，应该轻剪缓放，尽量增加结果量。对影响骨干枝生长的，视其影响的程度，或去强留弱、适当疏除，或轻度回缩。

结果枝组的培养。结果枝组是骨干枝和侧枝上每年结果的多年生枝群，是结果的基本单元。花椒连续结果能力强，容易形成鸡爪形枯萎的小结果枝，这种结果枝，虽然培养快，但寿命较短，所以要注意配置较多的大中型结果枝组。趁着初果期，枝条长势旺盛，在骨干枝的中后部，注意培养大中型结果枝组，使各类结果枝组在主枝上交错、均衡分布。

## 五、盛果期的修剪

盛果期花椒树修剪的目的，主要是调节营养生长与生殖生长的平衡，维持树体健壮，延长结果年限。

骨干结果枝的修剪，及时回缩因连年结果下坠而枝头开始下垂的骨干枝，自下垂结果枝的弓背上，选择斜向上生长的健壮的枝条处剪截，以抬高结果枝角度，增强树势。中短截有延伸空间的侧枝，促其延长生长，弥补空缺，利用空间增加产量。无延伸空间的侧枝和枝条，将其培养为结果枝，既中止其延长生长，又增加结果量。

对当年抽生的徒长枝、营养枝，有空间的，夏季及时摘心，利用中、下部充实芽，促发侧枝，培养为结果枝。没有空间的，在萌芽时期及早抹除，避免形成竞争，消耗营养，扰乱树形。

结果枝的修剪，及时疏除结果枝组上柔弱结果枝，保留强壮枝，短截部分结果枝，助力结果枝的长势和结果能力。及时中、短截更新后部衰弱枝，回缩至强壮枝处，以稳定其长势，维持结果能力。

盛果期的椒树，还要注意及时抹除无用萌芽，疏除交叉枝、重叠枝、过密枝、下垂枝和病虫害感染枝，改善通风透光条件，促进优质丰产。

## 六、下垂结果枝的管理和修剪

花椒树枝条相对较软，结果后又因为丰产性强，经常因为压弯枝条，导致结果枝下垂，使本来就因消耗大、长势弱的结果枝更加衰弱，影响新生枝条的萌发和长势，进而影响整体树势和以后的产量。在这种情况下，首先应将下垂的结果枝，用支架、枝干支撑顶起，抬升其高度和角度，助力长势；对下垂较为严重的结果枝，在其下垂的弓背处，选择斜向上的饱满健壮枝或侧芽，距枝条或芽 1 厘米处短截回缩，提升枝条高度，利用壮枝、壮芽增强树势，将其培养为新的结果枝。

## 七、衰老结果枝的更新复壮

花椒的结实习性，最大的特点是，在混合芽抽生枝条的顶端形成花序结果。对生长在枝条顶端花椒果穗的采收，相当于对枝条的摘心。既促发了侧枝的形成和花芽的分化，花椒果实成熟期又比较早，如伏椒，在 7 月即成熟，大红袍在 8 月中旬成熟。花椒成熟采摘后，树体没了负担，又处于伏天或夏末秋初的季节，气候条件适宜，采摘、摘心后，枝条不能延伸生长，养分则全部集中于侧芽上，刺激侧芽由营养生长转化为生殖生长，有利于结果枝的增加和培养，花芽的分化和形成，也就奠定了花椒来年丰产的基础。这种结果习性和特点，既赋予了花椒树在进入结果期后，自然丰产性强，可连年丰产稳产的特点，也是花椒树在盛果期可连年丰产稳产的原因和机理。

每年对花椒着生在结果枝顶端果穗的采摘，客观上相当于对花椒枝条的摘心，促发了侧枝的萌发和花芽的分化，促进了丰产稳产，是有利的一面。但每年对枝条顶端花椒的采摘、结果枝的摘心，促使在结果枝下端萌发侧枝，分化花芽，第二年又在混合芽形成枝条的顶端开花坐果，成熟采摘后，又分生侧枝形成花芽结果，再采摘、摘心，如此反复，导致枝条不断地缩短，不断地向心萎缩，最终的结果是，枝条缩短，结果枝老化、枯萎，变得焦枯、细弱，导致原来连年丰产的枝条，既没有抽生新枝的能力，也没有生长枝叶、花果的空间，甚至基本无法挂果，形成老化、衰弱、枯萎的小结果枝组，皮色焦黑干枯，既没有生长量，更没有产量，严重影响收益。

因而，在形成这种情况之前，结果枝萎缩到一定程度，枝条开始老化、萎缩，产量开始下降时，即采取回缩更新复壮的修剪手法，于冬季休眠期，在老化结果枝的基部较为光滑的部位进行回缩更新，第二年春季即可萌发出新的枝条。在萌发的枝条中，选留方位合适的健壮枝条，通过摘心、拉枝等技术措施，将其培养为新的结果枝和结果枝组。

值得注意的是，对于这种老化的结果树和结果枝，不可一次性的将老化枝条全部回缩更新复壮，这样既影响当年的产量和收益，也影响树势的均衡稳定，一定要逐年完成。第一年，选取一个最为老化的结果枝进行回缩更新，待新的枝条培养成功后，再选取另一老化衰弱枝进行回缩更新。这样，既对花椒产量没有大的影响，不影响当年收益，也逐步将结果能力差的老化枝，更换为丰产稳产的结果枝。这样循环往复，即可培育出老、中、青、幼枝条相结合，充满青春活力的树体，形成几世同堂的兴旺家族，不断有新生力量涌现，才能兴旺发达，永续利用。

# 第七章 劣质低效花椒园的改造技术

## 一、改造对象

近年来，随着花椒科技研发的深入，新品种、新成果、新技术不断涌现，应用于生产，大大提高了花椒的品质、产量和效益，极大地促进了花椒产业的发展。但原有的椒园，存在品种不良、产量低下、效益不佳等问题，成为花椒生产上急需解决的问题。哪些椒园适合改造，怎么改造，应该采取哪些系列配套的技术措施，予以讨论简介。

我们认为，对于树龄小于20年的椒园，适宜进行高接改造，可取得较好的改良效果。对于树龄较大，过于衰老、衰弱的椒园和零星散生的花椒树，改造难度大，成本高，难以达到理想的效果，不如选择优良品种，彻底更新。包括结合旱作林业技术，进行重新规划、整地、造林、建园，效果更好。

## 二、高接换种(优)

对劣质低产花椒园的改造，首先是品种的改良，从根本上解决问题。劣质低产椒园的品种改良，都是在大树树冠上高位嫁接的，所以叫做高接换种，由于是将低劣的品种更换为优良品种，所以又叫高接换优；又因为是将树的“头”换掉了，群众也叫高接换头。

高接换种(优)，一定要选择经过试验、适宜当地发展的优良品种。品种选择，一定要注意选择适宜当地自然气候条件和立地条件，并经过引种栽培试验，验证切实可行的优良品种，切不可盲目跟风

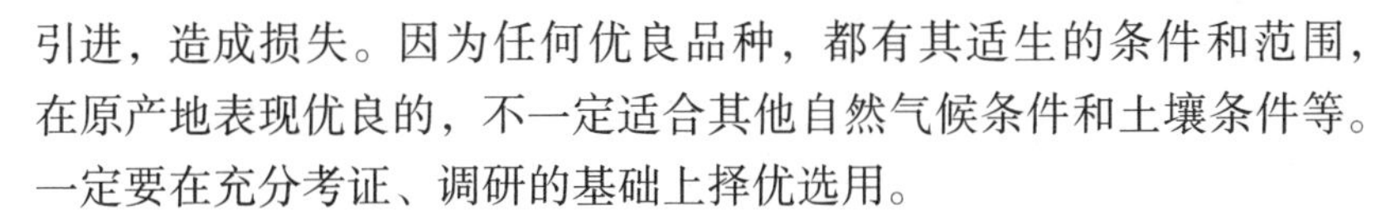

引进，造成损失。因为任何优良品种，都有其适生的条件和范围，在原产地表现优良的，不一定适合其他自然气候条件和土壤条件等。一定要在充分考证、调研的基础上择优选用。

### (一)枝接

1. 嫁接设计

通过高接换种(优)技术措施，对劣质低产椒园的改造，不能简单地理解为，用优良品种接穗嫁接在砧木上，嫁接成活，就是成功。而是要根据现有椒园的具体情况，树龄、树形、管理水平等，进行认真地规划、设计，科学周密地安排，在什么地方嫁接，即嫁接部位的确定；确定后，接穗嫁接在嫁接部位的哪个方向，什么位置，即接穗方位的确定；接芽的朝向应该怎么确定，等等，均要认真考虑，科学设计，使嫁接完成，接芽萌发，即可形成欲培养树形的雏形，才能达到嫁接改造的目的，尽快形成树形，扩大树冠，恢复产量，优质丰产。

(1)嫁接部位　嫁接部位要根据现有树形，接后树形的培养具体确定。根据先主后次，层次分明的基本要求，首先确定培养主枝的部位，其次确定培养侧枝的部位，能否利用现有枝条嫁接，在什么部位嫁接合适，接芽成活萌发后，怎么培养、使用，等等，规划设计好后，再进行嫁接作业。

(2) 嫁接方位　因为高接换种(优)作业，是在树冠上部大枝上进行的，嫁接成活后，萌发的新梢，在夏季雷暴大风时，容易自接口处遭受风折劈裂，所以嫁接时，要注意接穗的嫁接方位的选择。嫁接方位的确定，首先要根据地理位置、地形地貌，确定主风向，将接穗嫁接在锯(剪)口断面的上风面，接芽成活后，抵御风折的能力强，不容易被夏季多发的阵风和暴风雨天气造成风折。因为高接换种(优)时，树冠被落头重截，原来较大的根系，只供养几个接芽的生长，接芽生长速度快，在进入夏季后，接芽已形成“头重脚轻”的新梢，如将接穗嫁接在下风面，刚刚成活愈合的接口，很容易被风折。而将接穗嫁接在上风面，刮风时，接穗接口处，有砧木的支撑、依靠，抵御风折的能力强，可有效规避新梢自剪口处的劈裂。

(3) 接芽朝向　接芽的朝向，根据培养枝条的方位确定朝向欲培养枝条的方位。一般情况下，用作主枝的接芽朝外，接芽成活后萌发的新梢角度开张，无需再采取专门的措施开张角度；用作侧枝的接芽，嫁接在主枝侧方朝向斜向上的方向，萌发的新梢，既不会直立成徒长枝，也不会向下长势衰弱。此外，将接芽朝向空间空缺处，新梢萌发后即可弥补空缺，充分利用空间，提高产量。

2. 砧木的准备和处理

按照上述要求，科学设计、确定嫁接方案后，才能开始嫁接。嫁接前，首先是砧木的准备，主要是在确定的嫁接部位处，对砧木的截断。一定要随锯、随剪，随嫁接，切不可提前锯(剪)截，以免锯(剪)口水分散失，影响嫁接成活。锯(剪)截后，为防止锯(剪)口水分的散失，立即用愈合剂涂抹锯(剪)口断面。

如果是在主干或大枝上嫁接，锯(剪)截口，不要锯(剪)截为平面。为防止雨水、粉尘在断面的聚集，可略微倾斜。锯(剪)截为南高北低的略微倾斜面，以降低太阳照射角和断面温度，减少水分蒸发散失。

锯(剪)截操作时，一定要轻缓，拿稳树枝，避免端口的劈裂，使锯(剪)口断面的平整、光滑，以利愈合。

3. 嫁接方法

砧木锯、剪、处理好后，即可开始嫁接。具体枝接方法，可根据锯(剪)口的部位、粗细等，选用上述介绍的插皮接、劈接、切接等方法，灵活掌握，综合应用。这里再介绍一种在粗大枝上经常用到的腹接方法。

4. 腹接法

腹接法是在大树高接时，在砧木枝干中部嫁接的一种常用嫁接方法。这种方法操作简便，成活率高，具有补充空间，或在枝条中部改换品种的作用和功能，且截去大枝少，成形快，操作简便，捆绑也简单，生产上可广泛应用。

如果现有大枝发育完好，较为健壮，应充分利用，尽量避免大枝的截去。现有大枝上没有合适枝条嫁接，粗度太大、树皮较厚，又不适合芽接时，可在需要嫁接的部位采用腹接方法嫁接。

腹接法，根据接穗插入砧木的深度，是否进入砧木木质部，又可分为皮下腹接法和深入木质部的腹接法两种。

(1)皮下腹接法　在砧木嫁接部位，树皮光滑处，如同“T”字形芽接一样，切一“T”字形切口，在切口上面用刀斜削成半圆形的斜坡伤口，不宜太深。在接穗接芽的背面，削一马耳形削面，注意削面要平直，不要有凹面。将削面靠里插入切好的砧木“T”形切口中，使接穗削面与砧木木质部紧密接合，再用较宽的塑膜绑条将伤口自下而上捆紧，并将“T”形接口上部缠封严实，防止接口水分从“T”形接口的上部蒸发散失，也防止雨水自接口上部进入接口，影响愈合(图7-1)。

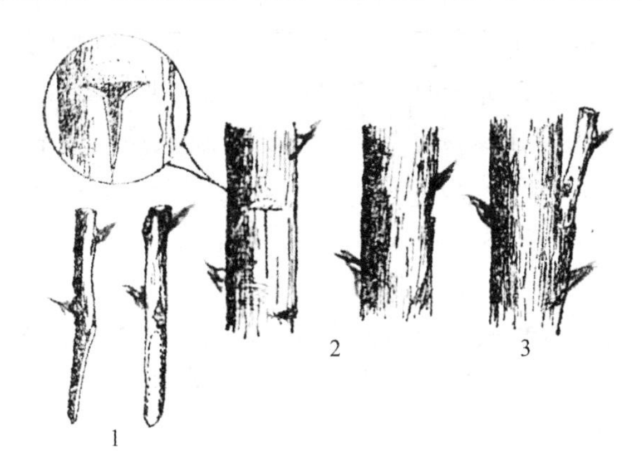


**图7-1　皮下腹接**

1. 接穗削法　2. 砧木切削　3. 插入接穗

(2)深入木质部腹接法　深入木质部腹接法，多用于较小砧木的腹接。在砧木嫁接部位，斜着深切一刀，深入木质部，深3～4厘米。接穗和劈接一样，左右各切一刀。将接穗较大削面朝里，插入砧木切口内，使接穗和砧木形成层对准、贴紧，难以两边都对准时，要对准一边。用塑膜绑条绑缚紧实即可(图7-2)。

**图 7-2　深入木质部腹接**

1. 接穗削法　2. 砧木切削　3. 插入接穗　4. 绑缚

### （二）芽接

高接换种（优）的嫁接方法，除上述枝接外，也可采用芽接的方式进行嫁接改造。芽接可在当年生枝条上嫁接，也可在较为平整、光滑、树皮较为鲜嫩的多年生枝上嫁接。在多年生枝上嫁接时，为了使接芽贴得更紧，绑缚时不致因砧木树皮较厚，难以绑紧，嫁接时，可先用嫁接刀在嫁接部位轻轻刮去树皮表层较为老化的表皮，使其变得薄一点儿，再进行嫁接，即可使接芽体贴实绑紧。

对于较老化的粗枝，可在早春萌动前，在嫁接部位进行锯（剪）截，夏季在萌发出的新梢上进行芽接。锯截大枝时，一定注意在嫁接部位上端留一拉水枝，在拉水枝的上部锯截。待下部萌发出新梢，在新枝上嫁接成活后，再自接芽上端连同拉水枝一起截去。

芽接的部位、方位、芽的朝向等，和枝接方法相同，参照上述枝接的技术、技巧。

### （三）嫁接方法的选择和嫁接技巧

1. 尽量减少大枝的截去

如果欲改造椒园，椒树的主干和主枝较为衰老，可借高接换种（优）之机，将衰老枝回缩嫁接，起到换种（优）和回缩更新复壮的双重目的和效果。但在一般情况下，应尽量避免和减少主枝和大枝的截去，充分利用主枝和大枝上较为年轻、健壮的枝条进行嫁接。这样工程量小，也便于嫁接作业，嫁接后，树冠恢复快，也可及早增产收益。如果嫁接部位没有合适的青壮年枝条嫁接，可采用腹接方法嫁接。

2. 嫁接方法的选择

在高接换种(优)作业中，上述介绍的芽接和枝接技术均可应用，但具体该用哪一种，要根据砧木情况、接穗情况、嫁接季节、嫁接部位等具体情况，科学地选择确定。一般说来，可遵照以下原则确定具体选用的嫁接方法。

(1)枝干中部嫁接　这里说的是，在较粗枝干(如主干、主枝)中部，嫁接部位处没有可利用的枝条嫁接，只能在较粗枝干上进行嫁接的情况。嫁接方法的选择，由易到难，依次为："T"字形芽接、方块芽接、带木质部芽接、腹接。根据枝干粗度、树皮老化程度具体确定。如果树皮老化程度不高，较为幼嫩，便于芽接，即选择"T"字形芽接和方块芽接，操作简便，省工省力，还可补接。如果树皮老化、较厚，难以芽接，或不能就近采集芽接接穗，长途调运又难以保证接穗的鲜活，可选用带木质部芽接方法，或腹接方法。

(2)锯(剪)口断面嫁接　砧木截断面不太粗，便于劈接的，应该首选劈接，不但成活率高，而且接穗夹在劈缝中，抗风折能力强。砧木截面较粗，在断面中间实施劈接较为困难的，可偏向一侧，采用切接方法嫁接。和劈接一样，切接接穗夹在劈缝中，抗风折能力强。如果砧木截面较粗，劈接和切接均难以操作时，选用插皮接方法。断面较粗，嫁接一个接穗，愈伤组织难以尽快覆盖包裹断面时，可采用"单头多穗"嫁接方法，在一个断面上嫁接 2 ~ 3 个接穗。采用单头多穗嫁接时，要根据具体情况，确定接穗嫁接位置、接芽朝向等。

3. 嫁接技巧

高接换种的嫁接方法，根据嫁接部位、砧木的粗度，芽接或枝接方法均可，但无论采用什么嫁接方法，一定注意"枝接要露白，芽接要离缝"。枝接"露白"的作用和效果，和嫁接育苗方法一样，一方面可以使接穗和砧木均产生愈伤组织，共同愈合接口；另一方面是使接穗好砧木产生的愈伤组织可以相互连接，融为一体，促进接口尽快愈合，共同填补嫁接断面和接穗间的空缺，将断面覆盖，使接口通直无痕。芽接“离缝”，一方面可使伤口液体排出，避免伤口积液影响愈合，另一方面，可避免因接芽较砧木接口大，绑缚时芽片鼓起影响成活。

接穗的削面，一是要平整、光滑，确保与砧木的紧密贴切；二是要尽量大，与砧木接触面越大，成活率越高，愈合越好。

嫁接成活的关键是形成层对齐，用劈接、切接方法嫁接时，接穗与砧木粗细不同，形成层难以两边都对齐时，一边对齐绑紧即可，切不可居中插入，两边形成层都对不上，则不能成活。

嫁接所用接穗的长度和嫁接后接穗的裸露长度，对嫁接成活和成活后接芽的长势，也是有影响的。嫁接后接穗的裸露长度，即嫁接后，削面以上、绑缚以后，裸露在接口以上的接穗部分，要尽可能短。因为裸露部分越长，遭受风吹日晒的表面积越大，接穗蒸腾蒸发量也越大，越容易失水，影响成活；另一方面，裸露部分越长，愈合成活过程中，自接口处获取的有限养分和水分，输送到接芽的距离也越长，消耗也越大，不仅成活率低，勉强成活后，新梢长势也弱。如果裸露部分短，不但消耗少，而且接芽距接口近，接穗自接口处获取的养分，可就近供应，不但成活率高，而且长势旺。所以嫁接时，要尽量缩短接穗的裸露部分，使接芽贴近接口。

砧木较细的，选择合适的方位和接芽朝向，采用单头单穗的嫁接方法，在一个接头上嫁接一个接穗；砧木较粗、截面较大时，可采取单头多穗的嫁接方法，在一个嫁接口上，选择合适的方位，嫁接多个接穗。根据实际情况，综合采用单头单穗、单头多穗、多头多穗的嫁接方式和方法。

如上所述，在品种改良高接作业时，根据实际情况，通过科学合理地设计、布局，主干、主枝、侧枝部位嫁接相结合，枝接、芽接综合应用，以树设计，因枝施策，嫁接部位、接穗方位、接芽朝向，科学合理安排，新梢萌发后，即形成良好树形的雏形，再及时

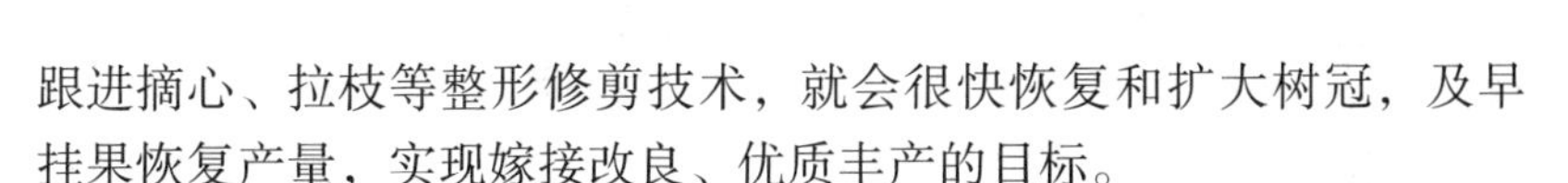

跟进摘心、拉枝等整形修剪技术，就会很快恢复和扩大树冠，及早挂果恢复产量，实现嫁接改良、优质丰产的目标。

**(四)逐次嫁接**

高接换种(优)作业，为了不影响和减少改造过程的经济收益，可效仿衰老结果枝的逐年轮换回缩更新复壮方式，在同一棵树上，每年选取1～2个主枝或侧枝进行嫁接改造，其余枝条还可结果收益，保证嫁接改造当年的经济收益。选取嫁接改造枝时，首先选择朝南的枝条进行嫁接，这样既改善了剩余枝条的光照条件，嫁接接穗自身也有良好的光照条件。反之，如果先回缩嫁接朝北向的枝，嫁接接穗，可能受其他保留枝的遮阴影响。以后再逐年轮换嫁接其余枝条。分几年嫁接完成，可根据良种接穗的数量、技术熟练程度、劳力的安排，等等，自行选择决定。

逐年嫁接改造的优点是，对嫁接改造过程的经济收益影响小；分解了工程量，便于劳力安排；也可缓解良种接穗的不足；第二年，自上年嫁接的植株、枝条上采集接穗，可节省购买接穗费用，降低成本。缺点是，比较麻烦，要好几年、好几次才能完成。

**(五)接后管理**

1. 抹芽

高接后，因为截去大部分树冠，会从砧木基部萌发大量的萌芽，要及时抹除，避免其对水分和养分的竞争、消耗。

2. 解绑

接芽生长速度很快，如不及时解绑，绑条会对长速很快的新梢形成勒缢，影响养分的输送和新梢的增粗生长；如果绑缚时，塑膜绑条连同砧木锯(剪)口一起包裹绑缚，在砧木的愈伤组织和接穗的愈伤组织间形成一层隔膜，使之不能融为一体，还会影响接口的良好愈合，所以在接口愈合良好后，要及时解除绑膜。

为防止对塑膜撕扯解绑时，对接穗的碰撞，对接口的松动，可用锋利的单面刀片或裁纸刀，划破塑膜后，轻轻揭除。

3. 绑缚防风支架

新梢长至30厘米左右时，进入夏季，雷暴大风天气增多，接口虽已愈合，但还不牢靠结实，为防止大风对新梢造成的风折，要及时绑缚防风支架。将竹竿、树枝绑缚在接口以下的砧木上，再将新梢绑缚在枝干上。

## 三、整形修剪

被嫁接改造的椒园，虽然嫁接前树势衰弱，长势不旺，新梢生长量不大，但嫁接改造过程，从基部截去了大枝，原来较为庞大的根系只供养几个接穗萌芽，长劲是非常大的，如果嫁接成活后，放任不管，很容易形成徒长枝。其结果，一是顶端优势作用，新梢一直向上窜，分生不出侧枝，下部形成光秃带；二是营养生长过旺，不能转化为生殖生长，形不成花芽，影响结果，至少延迟结果1～2年；三是等到第二年或第三年，长势缓和下来后，只能在徒长枝的上部分生出几个较弱的侧枝，下部形成光秃带(也叫光腿)。所以，嫁接成活后，夏季修剪措施一定要及时跟进。按照前述介绍的生长期修剪技术，及时对新梢摘心，促发侧枝，扩大树冠；使新梢由营养生长向生殖生长转化，促使花芽分化，及早结果，恢复产量。

第二年早春，树木萌动前，进行休眠期整形修剪，继续扩大树冠，培养树形，直至培养为骨架均衡，结构良好的理想树形。

## 四、整修树盘

劣质低产椒园，除品种不良外，土肥水条件也是导致劣质低产的重要原因。因而，一定要在品种改良的基础上，加强土肥水管理，改善水肥条件，才能优质丰产，起到改造、改良的作用和效果。所谓的“良种良法”，就是说，优良品种还要有良好的栽培技术措施配套和保障，才能表现出良种的优势，发挥良种的作用。定植穴的树盘，是土肥水的基础和保障，一定要进行认真的扩穴整修。

每年秋季，结合深翻土壤，对椒园树盘进行扩穴整修。坡地椒园，以主干基部为基准，“各自为政”，将上部的土壤扒至下部，修垫为一个外高内低的反坡穴面，一方面有利于截流和积蓄天然降水和坡面径流，增加土壤水分；另一方面，反坡穴面，可减小太阳照射角，降低土壤温度，减少土壤水分蒸发散失，提高土壤蓄水保墒能力。在大的阳坡坡面上整修为多个小反坡穴面，像一张网一样，覆盖和控制坡面，将天然降水和地表径流化整为零，汇集于穴内，供椒树生长利用，改善了水肥条件，营养供给充足，嫁接改造的优良品种，即可充分展现其优良品性，取得优质、丰产的良好效果。

整修时，要将上部坡面的表土铺垫在穴内，用下层生土筑垫穴埂。扩穴整修树盘，不一定一次到位，可结合秋季施肥、深翻土壤，每年扩修，逐年完成。最终实现在大阳坡上，给每株椒树修筑一小反坡穴面，截流、积蓄地表径流和天然降水，为椒树的生长结实提供良好的水肥条件，使高接改良后的椒园，真正实现优质、丰产、高效的目标。

# 第八章 花椒土肥水管理技术

土肥水管理是花椒赖以生存、生长、优质、丰产的基础和前提。花椒虽然适应性强，但大多栽培在较为干旱的阳坡半阳坡，水源缺乏，即使有水源，限于地形地貌的起伏不平，也难以实施浇灌，因而，要立足于旱作林业技术，加强土肥水管理。现以旱作林业技术为主，介绍建园的土肥水管理，在干旱条件下，为花椒正常生长、结实创造良好条件。

## 一、土肥水管理不良对花椒树的影响

北方坡地椒园的土壤，多干旱贫瘠，土壤肥力差，物理性状不良，没有良好的团粒结构，板结现象严重，蓄水保墒能力差。降雨时不但不能及时入渗吸收，而且形成地表径流，造成水土流失；晴天又不能保墒，使本来就有限的土壤水分，极容易自地表蒸发散失，严重影响花椒的生长结实、品质和产量。

首先是影响花椒树体的生长发育，致使树体长势衰弱，“未老先衰”，尤其是盛果期的椒树，大量挂果，需要消耗大量的水分和养分，如果水肥供给不足，没有抽生新梢的能力，导致结果枝老化、枯萎、萎缩，甚至死亡，抵御不良环境和病虫害感染的能力下降，病虫害滋生严重。不仅严重影响花椒的品质和产量，更缩短了盛果期的年限。

土壤干旱贫瘠，水分和营养供给不足，树势衰弱，使本来就瘦薄酥脆的花椒树皮，愈发干枯焦躁，枯萎焦黑，含水量更为减少，树液流动缓慢，甚至几近停滞，成为“死水一潭”，失去对气温的调节能力，极易遭受日灼和冻害，损伤了韧皮部，导致树皮崩裂、翘起。这种现象，在枝干的向阳面更为多见，更加剧了树势的衰竭，步入恶性循环的轨道，即为我们在干旱贫瘠条件下，放任管理椒园中看到的，树皮枯萎焦黑、崩裂翘起的原因。

其次是土肥水管理不好，营养供给不足，在造成大量落花落果，果穗变小、变稀的同时，还会形成大量的闭眼椒和胎折椒，即使是勉强发育为可以正常开裂的花椒，也会因为营养不良，颗粒变小，椒皮瘦薄，出椒率降低，梅花椒减少，产量锐减，严重影响花椒的品质和产量。所以，我们在土肥水管理不好的椒园里，经常可以看到，闭眼椒和胎折椒增多的同时，花椒颗粒也变得瘦小，果穗也因落花落果变得松散、稀疏。

## 二、秋施基肥

花椒树在每年的生长发育、开花结果过程中，要消耗大量的养分。只有良好的土壤肥力条件，才能使椒园树势旺盛，花椒优质丰产。因而，除在建园时结合整地施足基肥外，每年秋季也应结合深翻土壤，施足基肥。要遵循“以有机肥为主，化学肥料为辅”的原则，以充分腐熟的农家肥、有机肥为主，长效复合肥为辅。在树冠投影外围下方，根系集中分布区域，开沟施入，也可以树干为中心，开设放射状沟施入。将肥料均匀撒入沟穴，与土壤搅拌均匀，再将沟穴填平埋实。应避免在地表撒施，以免肥料在风吹日晒中挥发，影响肥效。

有机肥不足，不能满足每年秋季普遍施一次的，至少要每 3 年轮流施一次。也可将建园附近的杂草，在开花盛期，将其割刈，堆积起来，喷洒微生物菌肥，经过堆沤、发酵腐熟后，秋季结合深翻施入椒园。

秋季施肥，在采椒后至落叶间进行，最迟在土壤封冻前完成。过早，椒树还处在生长期，花椒树为浅根性树种，容易伤根影响生长；过晚，土壤冻结，施肥时切断的根系，不能愈合恢复。采椒后，结合深翻及时施入。此时，夜间气温下降，白天气温还比较高，地温下降缓慢，适宜根系活动生长，施肥过程切断的根系，在土壤冻结前可愈合恢复，孕育出新根，为来年的生长结果提供良好的吸收功能；施入的肥料，与土壤相互渗透、融合，再次腐熟分解，更有利于根系的吸收利用。

## 三、适时追肥

在花椒开花坐果、果实膨大等关键时期，需要消耗大量的水分和养分，也要适时追肥。一般可在开花坐果期和果实膨大期各追肥一次。开花坐果期追肥，可提高坐果率，减少落花落果，促进所有授粉受精花朵发育为成熟果实，减少米粒椒和胎折椒的形成和产生；果实膨大期追肥，不但可促进花椒果实的发育膨大，增大花椒颗粒，而且会因为营养条件的改善，使聚生花朵全部发育成较大颗粒的花椒，大幅度增加“梅花椒”的数量，提高花椒品质和产量，获取更大的经济效益。

追肥前期以速效复合肥和氮肥为主，促进树木的生长发育和果实的膨大生长。在果实成熟期，开始着色前，以磷钾肥为主，促进果实成熟过程有效成分的积累和转化，提高花椒品质和成色，可追施磷酸二氢钾等肥料。

有灌溉条件的椒园，在追肥后，进行浇灌，提高肥效利用率，促进追肥的吸收利用。无灌溉条件的旱地椒园，可根据天气预报，于下雨前施入，或于雨后追施，以利肥料的溶解，尽快为树木吸收利用。结合降雨实施追肥作业，还可避免肥料撒施不均匀造成的“烧根”。

## 四、叶面施肥

叶面施肥，也叫根外追肥、叶面喷肥，是在树木生长的关键时期，需要大量养分，土壤养分供给不足，不能满足需要的情况下，根外补充养分的技术措施。叶面施肥，将肥料溶液喷洒在叶片上，被树木直接吸收利用，快速发挥作用，产生效果。一般喷施几天后，即可观察到叶片的变化。优点是投资少，见效快，肥料利用率高，方便操作。在整个生长期，不同的生长阶段，土壤养分供给不足时，均可进行。叶面施肥对改善树体营养，增强抗旱能力，提高坐果率，减少落花落果，提高品质和产量等，均有重要作用和效果。

叶面施肥以速效肥为主，不同的生长发育阶段，喷施不同的肥料和配比。各种肥料可以单施，也可以混合复配使用，一般喷洒浓度不大于0.3%。

开花坐果期，喷施以氮肥为主的肥料，如尿素、硝酸铵等，为提高坐果率，可适当配以植物生长调节剂、硼砂等，可减少落花落果，促进授粉受精，提高坐果率。

果实膨大期，以氮肥为主，如尿素、硝酸铵等，可促进幼果快速生长膨大，加大花椒颗粒，增加梅花椒的数量和比例，避免和减少闭眼椒和胎折椒的形成和数量，提高花椒的产量和品质。

花椒成熟期，喷施磷酸二氢钾，促进花椒有效成分的积累和转化，促进椒果的着色，改善椒果的颜色，促进花椒成熟。

叶面喷肥时，一定注意配制浓度，不可随意提高浓度，以免浓度过高，烧伤树叶，造成损失。要将肥液按照肥水比例配制好后，再往喷雾器内灌装，不要在喷雾器中配制，以免搅混不均匀，局部浓度过大，造成损失。喷洒作业时，选择无风的晴天，于9：00前和16：00后进行。这时气温较低，蒸发量小，有利于叶片吸收。喷洒时，要全树上下均匀喷洒，叶片的正面、反面均要喷到，以叶片全部沾满雾滴肥液为度，不可喷至叶片有肥液滴落，或叶缘、叶尖挂有肥液水滴，容易烧伤叶缘和叶尖。

## 五、中耕除草

花椒为强喜光树种，大多栽培在较为干旱的阳坡半阳坡，虽然耐干旱，但在干旱条件下，长势不旺，更影响果实发育，还容易造成落花落果，因而要加强土肥水管理，避免杂草竞争水分和养分，在生长期要及时中耕除草。因为花椒为浅根性、须根性树种，在生长期中耕除草时，一定要浅锄，避免损伤根系，影响树体生长和椒果的发育，一般不超过5厘米深。

无条件浇灌的干旱地区，严重干旱时，一定要遵循“天旱勤锄田”的古训，越是干旱，越要勤锄田，多锄几次，以切断土壤中的毛细管，减免土壤水分自地表的蒸发散失，尽最大可能保护土壤墒情，在干旱条件下，为花椒树的生长、结实创造良好条件。

天涝时，待地表干燥，土壤不黏时，也要及时锄地松土，以破除和避免土壤板结，提高土壤通透性，为根系的呼吸、生长创造条件，提高根系的吸收能力。

对于管理不善，杂草丛生的椒园，一定要在绝大多数杂草开花期前后，将杂草割刈，翻埋入土壤。这时，杂草生物量最大，种子还没有形成，即以绿肥形式翻埋入土壤，沤制为肥料，增加土壤肥力。绝不能等到杂草种子成熟，具有发芽力时才割除。否则，种子成熟后，有了发芽力，相当于将杂草种子播种于椒园，来年杂草将更为茂密，与椒树竞争土壤水分和养分，更为严重的影响花椒树的生长发育，开花结实。

值得重视的是，无论在什么情况下，都不可使用除草剂进行椒园除草。因为无论什么成分组成的除草剂，即使是选择性的除草剂，能杀灭绿草，对同样为绿色植物的花椒树也有影响，对树木的生长发育产生抑制作用，也会对土壤造成污染。而且，除草剂不会在短时间内分解，其对椒树的影响和土壤环境的污染也就不会在短时间内消除。

## 六、秋季深翻土壤

每年秋季落叶后，对椒园土壤进行一次认真的、全面的深翻，可取得多方面的效果。

### （一）疏松土壤

秋季深翻土壤，可起到疏松土壤的作用，在北方干旱少雨雪的

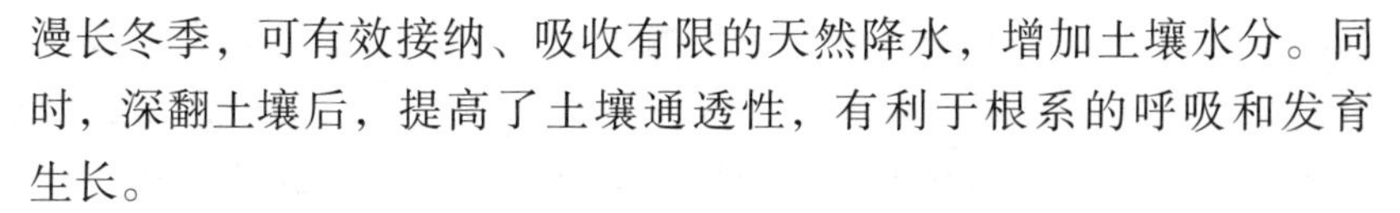

漫长冬季，可有效接纳、吸收有限的天然降水，增加土壤水分。同时，深翻土壤后，提高了土壤通透性，有利于根系的呼吸和发育生长。

**（二）减少蒸发**

深翻土壤，破除了土壤板结，切断和破坏了土壤中的毛细孔，阻止了土壤水分自地表的蒸发散失，提高了土壤蓄水保墒能力，也就提高了土壤含水量，可为花椒树的生长结实创造良好的水分条件。

**（三）熟化土壤**

深翻土壤，将下层生土、死土翻到地表，经风吹日晒，与地表枯落物的融合，可起到熟化土壤的作用，将生土转变为熟土，死土转化为活土，没有团粒结构的土壤转变为具有良好团粒结构的土壤，起到熟化土壤的作用。

**（四）增加肥力**

深翻过程，将地表的枯枝落叶、枯死的杂草翻埋入地下，通过沤制，转化为有机肥料，起到增加和提高土壤肥力的作用。

**（五）更新根系**

深翻土壤过程中，无疑会切断部分根系，但切断的是具有自愈功能的活根，不但不会损伤根系还会起到良好的更新根系作用。因为此时还处在秋季，虽然气温逐渐下降，树叶下落，树体逐渐进入休眠状态。但地温滞后于气温下降，还适宜根系活动生长。切断的根系，会很快产生愈伤组织，愈合切断面的伤口。因为是在地下根系上产生的愈伤组织，这些愈伤组织又会很快转化为根冠细胞，在断根处孕育出新根，萌生出一簇新的毛细根，将老根更新为新根，将没有吸收功能的粗根更换为具有良好吸收功能的毛细根，大大提高了根系的吸收能力，为来年椒树的生长发育、开花结果、优质丰产提供良好的、强大的吸收功能，满足其对养分和水分的需求。

**（六）灭杀害虫**

椒园中的害虫，有的是在土壤中产卵、繁殖、孵化的，有的是幼虫在地下害食树根成长的，有的是在地下羽化的，绝大多数害虫都是在秋季从树上下来，进入到土壤中藏身越冬的。此时，深翻土壤，会挤压损伤致死部分害虫；深翻后，破坏了害虫藏身之所，使其无处藏身；将在下层土壤藏身越冬的害虫，上翻至地表，在气温已经下降的情况下，已进入休眠状态的害虫，无力再进入深层土壤藏身越冬，经过冬季的低温冷冻，都会被冷冻死亡。因而，秋季深翻土壤可起到良好的灭杀害虫的作用。

**（七）消毒杀菌**

众所周知，紫外线具有杀菌消毒的作用。秋季落叶后的园地，光照充足，深翻后，将土壤中的病毒、病菌翻到地表，风吹日晒后，地表土壤水分散失，部分不能在干燥条件下成活的病毒病菌会干枯死亡；漫长冬季的低温严寒，会冻死部分病毒病菌；太阳光紫外线的照射，会起到消毒消毒杀菌作用。因而秋季深翻土壤还可起到防控椒园病害的作用。

综上所述，秋季深翻土壤，既很好地管理了椒园土肥水，改善了北方干旱地区的土肥水状况，也更新了根系，提高了椒树的吸收功能，还对病虫害起到良好的防治作用，一举多得，事半功倍，一定要充分认识，认真做好。

# 第九章

# 花椒病虫冻害综合防治技术

花椒的主要用途为食用调味和药用，为确保花椒产品药用和食用的安全、健康，花椒树的病虫害防治，一定要立足无公害防治，坚持以防为主，防治结合的原则，尽最大可能以营林技术措施防治，采用物理和生物防治技术，即使使用农药防治，也要使用高效低毒，做到无残留、无公害，生产绿色有机产品。

## 一、防管结合的无公害防治技术

花椒树的病虫害种类很多，如果对椒园放任管理，就会泛滥成灾，对椒树造成很大危害，严重影响花椒的品质和产量，遭受重大经济损失。但如果遵循预防为主，以治为辅，防治结合的基本原则，加强对椒园的管理，与病虫害防治相结合，会取得椒园管理和病虫害防治的双重效果，既管理了椒园，也防治了病虫害；不但优质、高产，还没有环境污染和农药残留，生产出无公害的绿色有机产品；同时还节省了防治费用，降低了防治成本。

### （一）秋季深翻土壤

绝大多数的花椒害虫，都是生长期在树上危害花椒的枝、叶、花、果，入冬前进入土壤，在土壤中藏身、越冬。每年秋季深翻土壤，是对在土壤中藏身越冬、产卵、孵化、羽化、咬食树根的幼虫等，最简便有效的防治方法，既是对椒园土肥水的良好管理，给椒树生长结实创造了良好的水肥条件，也有效地防治了病虫害的发生。如果每年秋季能坚持认真地深翻一次土壤，即可保证椒园不会有大的虫害发生。深翻土壤，还可起到消毒杀菌的作用，也就很好地防治了病害的发生。

### (二)越冬前涂白

每年入冬前，用新鲜生石灰配制涂白剂，对椒树枝干进行涂白。为了增加涂白剂的黏稠度和附着力，使其更容易涂刷，涂刷后不易脱落，持久时间更长，可在涂白剂中加入适量的豆面，没有豆面的可用小麦面粉替代，具体比例为生石灰∶豆面∶水＝10∶1∶50。为了提高涂白剂的消毒杀菌作用，也可加入适量的食盐。

涂白对花椒树来说，更为重要，因为花椒树皮单薄、酥脆，更容易发生冻害和日灼。涂白后，首先在漫长的冬季，可预防低温冻害，起到良好的防寒作用；其次可防止日灼，我们在椒园可以看到，花椒枝干向阳面经常有树皮干枯、崩裂的现象，尤其是长势较弱的椒树。主要原因就是，冬季晚上低温冷冻，白天太阳直晒，温差变化大，单薄酥脆的花椒树皮难以适应所致。涂白后，夜晚可以抵御低温冻害，白天可以反射阳光，降低温度，防止日灼；新鲜生石灰，具有很强的消毒杀菌和灭杀害虫的作用，使害虫不能在涂白的枝干上生存、藏身、产卵、孵化和羽化等；还可防止牲畜、鼠兔等啃食树皮危害，一举多得。

配制涂白剂，一定要用新鲜生石灰，陈旧石灰防护效果差。涂白剂要随配随用，不可长时间放置，降低效果。涂刷前先将崩裂、翘起的老树皮刮除并集中烧毁或深埋。将主干、主枝、侧枝、枝杈等全部涂刷到，不留死角，以保护树体为目的，不必要求整齐划一。

值得注意的是，一定不能图省事、好看，不被雨水冲刷、保持时间长等原因，使用装潢市场上销售的各种装潢涂料，因为这些涂料中含有黏胶和仿瓷材料，虽然附着力强，不容易脱落，但其将树体的皮孔和气孔全部封堵，不但影响树木的呼吸，还影响散热和温度的调节。

### (三)早春喷涂石硫合剂

石硫合剂是石灰硫磺合剂(Calcium polysulphide)的简称，又称多硫化钙。既是杀菌剂又可用作杀虫剂，是花椒树上最常用的农药之一。由生石灰和硫磺加水熬制提炼而成，具有杀菌、杀虫作用。经加水稀释喷到植物上，与空气接触后，受氧气、水、二氧化碳等作用，发生一系列变化，形成微细的硫磺沉淀并释放出少量硫化氢，发挥杀菌、杀虫作用。同时石硫合剂有侵蚀昆虫表皮蜡质层的作用，因此对具有较厚蜡质层的介壳虫和螨虫卵有较好防治效果。

石硫合剂是一种红褐色的透明液体，有臭鸡蛋气味，呈强碱性。在空气中放置时，表面常因氧化而生成一层薄膜。所以原液长期贮存应密闭或在表面加一层油与空气隔离，防止氧化。最好随制随用，效果好。

石硫合剂一般是自制，配制比例为生石灰∶硫磺粉∶水 =0.5∶1∶5。先将定量水倒入锅中烧热，把上等新鲜生石灰块投入锅内化开，把水烧开，等石灰全部化开后捞出锅内石灰渣子。然后，把事先用温水调成的硫磺粉糊慢慢倒入锅内，用大火熬煮，不断搅拌，熬 50 分钟左右，等药液变为深红褐色，即可停火起锅。熬好后用草袋或麻布片过滤，滤后的便是原液。如果暂时不用，可将原液装入大缸或坛中，加一点植物油(如胡麻油或油菜油)使原液表面与空气隔绝，防止变质。

石硫合剂熬制应注意：一是要用新鲜生石灰，硫磺粉研得越细越好；二是火力要大，熬制时间不能过短过长；三是石灰与硫磺配比要准；四是用于熬制的铁锅要大，便于搅拌。

使用石硫合剂时，首先用波美比重计，把原液浓度测出，然后按使用浓度加水稀释至所需浓度。使用浓度应根据气候和椒树生长情况决定。早春防治花椒白粉病、锈病等病害，用波美度为 1 度石硫合剂喷雾。在夏季防治花椒白粉病、介壳虫和叶螨，用波美度为 0.3～0.6 度石硫合剂喷撒。冬季防治椒树干腐病和介壳虫类等，用波美度为 4～5 度石硫合剂喷洒；用石硫合剂原液涂抹刮后的干腐病伤口，治愈效果很好。

每年早春，在树木萌动前，预防性地喷施一遍石硫合剂，即可预防多种病虫害的发生，一定认真做好。

### (四)随时清除感染枝叶花果

椒园中，已感染病虫害的枝、叶、花、果，不仅自身失去生产价值和经济效益，如不及时清除，还会繁衍生息，继续扩大繁殖，成为传染源，向外传播扩散。因此，随时清除被感染的枝、叶、花、果，是以防为主的重要技术措施，也是贯彻“治早、治小、治了”原则最简便有效的方法。具体做法是，无论什么时间，只要在椒园发现有病虫害感染的枝叶花果，即将其清理出椒园，烧毁或深埋，防止其继续滋生蔓延。

在对椒园管理过程中，随时注意或定期、不定期地逐树检查枝干上是否有腐烂、溃疡等病疤出现，只要发现，立即刮除，刮后用多菌灵、退菌特等药剂涂抹伤口，既防治感染病株，也清除了传染源，阻止其传播扩散。没有防治药剂的，刮除病斑后，可用食盐和食用碱面(碳酸钠)各等份，化水清洗伤口2~3次，消毒杀菌，促使伤口尽快愈合。刮除得已感染的枝干、树皮等，也要清理出椒园，彻底烧毁。

椒园管理中，对病虫害的感染，只要能做到及时发现，及时清除，椒园也就不会有病虫灾害的发生。

### (五)秋季清园

每年秋季树木落叶后，对椒园进行一次认真地清理。清扫树下的落叶、落果，清除树上残留的树叶、僵果，刮除枝干上崩裂的粗老翘皮，将这些有可能感染、隐藏有病菌、虫害的物质清理出椒园，烧毁或深埋，最大程度地降低越冬病菌、虫害的基数。

以上“连环套、组合拳”式的综合营林技术措施，在经营管理好椒园的同时，也有效地防治了病虫害，即使有个别“漏网之鱼”，也会是“有虫不成灾”，一举多得，取得椒园管理和病虫害防治的双重效果。既不需要病虫害防治的专业知识，识别病虫种类，购买农药和器械，投入人工进行打药防治，还不污染环境，生产出没有农药残留的绿色有机产品，也节省了防治成本，取得良好的防治效果。但作为一本介绍栽培技术方面的书籍，为了保证技术的全面、系统和完整，也将传统的病虫害防治技术收录如下。

## 二、常见虫害的防治

### （一）花椒蚜虫

花椒蚜虫是危害花椒的一大类群蚜的统称，皆隶属于同翅目蚜科，俗称油汗腻虫。其优势种为棉蚜，占到总虫口密度的95%以上，是花椒产区普遍发生的重要害虫之一。棉蚜常群集于椒树的幼嫩部位，刺吸树体的营养物质，严重时可造成叶片卷曲、嫩梢萎蔫、落花、落果等，不但影响产量、品质，而且造成树势衰弱。此外，其分泌的蜜露常诱致病菌的寄生。

棉蚜每年发生10～20代，以卵在花椒树的1年生枝条叶芽和叶痕的凹皱处越冬。翌年4月上旬，当气温上升到6℃时开始孵化，初孵若蚜在刚萌发的花椒叶芽上爬行，并在叶芽缝间隐蔽吸食危害，随气温的升高椒叶渐展，花蕾初现，大部分蚜虫转向花蕾的柄基部。5月中下旬至6月上旬翅蚜量急剧上升而达高峰。繁殖力较强，危害极重，造成叶片卷曲、果实凋落、被害树叶片常呈现油光发亮状。6月上中旬以后有翅蚜大量迁飞，花椒树上的蚜虫明显减少。到9月下旬，有翅蚜迁回花椒树繁殖1～3代，至10月末、11月初陆续产生性蚜，交配后在枝条皮缝、叶腋、芽缝、小枝丫或皮刺基部产卵，以卵越冬。

防治方法：棉蚜的防治应以药剂与生物相结合的综合防治方法。

1. 药剂防治

最好在各代有翅蚜大量发生之前进行，以防扩散蔓延。喷药防治，应使用内吸剂喷施叶面，切忌直接向叶背面喷药，以免杀伤天敌。在蚜虫最初的点片发生期，要采用点片施药法。挂果椒树，采收前一个月内严禁喷药。

常用的防治药剂有：触杀及熏蒸杀虫剂50%敌敌畏乳油1000～2000倍液（低温时1000倍，高温时2000倍）；烟叶石灰水（用烟叶1份，加水10份浸泡24小时，挤出烟叶水，再加水10份搓揉后挤出汁液；用生石灰 1 份，加水 20 份搅匀滤渣，喷药时二者掺在一起，加水 30 份即成）喷雾，防蚜效果亦很好。

2. 生物防治

利用天敌防治棉蚜，是一种既安全又经济的方法。棉蚜天敌很多，有真菌、昆虫、螨、蜘蛛等。捕食性的有瓢虫科、草蛉科、食蚜蝇科、瘿蚊科、斑腹蝇科、姬猎蝽科和花蝽科的昆虫及蜘蛛等，一头成虫或幼虫日食蚜量达十头以至百余头，蜘蛛捕食量更多，在 70～200 头之间；寄生性天敌有蚜茧蜂科、绒螨以及天敌病原体中的蚜霉菌等。利用天敌的生活习性或寄生特性可采取如下措施。

①5 月上旬，早晨用捕虫网在麦田捕捉七星瓢虫等成虫和幼虫，放到椒树上，瓢蚜比达到 1∶200 即可。

②在山上垒摆石头堆或在田间安置人工招瓢越冬箱（类似于气象站的百叶箱，箱内南面放 4～5 个直径 1～2 厘米，长 35 厘米的圆纸筒），内放天敌瓢虫的尸体可招引瓢虫群聚。

③在椒树上喷洒人工蜜露或蔗糖液亦可引诱十三星飘虫等天敌。

④生长季节在椒园附近适当栽植一定数量的开花经济植物，为食蚜蝇等天敌的成虫提供花粉、花蜜、蜜露以及转移寄主，使其安家治蚜。

### （二）花椒天牛

天牛是花椒树的主要蛀干害虫，在产区发生普遍，危害十分严重，天牛种类繁多，危害部位各异，主要种类有危害主干的黄带球虎天牛，危害枝干的二斑黑绒天牛、红绿天牛，危害枝条的台湾狭天牛等。

1. 黄带球虎天牛

属鞘翅目天牛科。该虫在结椒成龄树上危害，严重时一株树可达百头以上，主干和主枝布满虫孔，影响椒树产量，严重的则整株死亡。其成虫长 15～22 毫米，宽 5～8 毫米，全体黑色，被黄色短毛，色鲜艳，头小，复眼黑色，肾形。触角 11 节，线状。翅肩突起，鞘翅覆盖整个腹部，每个鞘翅上有黄色带 3 条：第一条在翅肩后，半圆形；第二条在翅的中部，呈一字形；第三条在翅的端部，呈半圆形。胸足 3 对，黑色。腹面黄黑两色相间，腹部腹面可见 5 节。幼虫体扁平，柔软，初孵化时呈乳白色，老熟后呈黄白色，头小，胸宽，无足，体光滑，活动迟笨，腹部 10 节，各节突起显著，老熟后体长 26～30 毫米。

黄带球虎天牛在太行山产椒区 1 年发生 1 代，以幼虫在韧皮部和木质部越冬。由于成虫发生期较长，产卵不整齐，造成了越冬虫龄的不一致和侵入树体深度的不一致。幼虫在翌年 3 月下旬开始活动，幼虫期长达 10 个月。5 月上旬在木质部越冬的老熟幼虫先行化蛹，随即在韧皮部、形成层越冬的幼虫也逐渐老熟，陆续蛀入木质部化蛹，6 月上中旬为出蛹盛期，前后延续 60 余天。蛹期 14～20 天，5 月下旬成虫开始羽化，6 月下旬至 7 月上旬成虫出洞、交尾。产卵高峰期于 7 月下旬结束，前后延续 60 余天。初孵幼虫多集中在皮下危害，致使椒树出现新虫孔，虫孔处出现新鲜黄色虫粪，树体流胶孔增多。进入 10 月幼虫活动逐渐减弱，11 月初进入越冬休眠状态。据观察，8～9 月幼虫主要集中在皮层危害，是防治的最适宜时期。

2. 二斑黑绒天牛

属鞘翅目，天牛科，别名花椒钻心虫。花椒产区都有发生，是花椒的重要害虫之一。主要以幼虫蛀食椒树枝条和树干，其危害特点是先枝条、枝干，再到主干。潜居韧皮部、木质部蛀食，轻者造成树势衰弱，椒叶发黄，木质变脆，树干、枝条易被风吹折断，形成枯枝，结椒稀少，严重者整个椒树被蛀空而枯死。

成虫体长 22～28 毫米，宽 6～8 毫米，黑色而略带紫蓝色。每个鞘翅基部末端至中部稍后有 1 条黄褐色宽横带，把鞘翅分成黑、黄、黑略相等的三部分，黑蓝部分着生黑色短绒毛，黄褐部分着生淡黄色短绒毛。触角 11 节，约为体长的 3/5 柄节刻点粗密，1～4 节为黑色，5～11 节为黄褐色，第 6～10 节外端角尖锐。前胸背板宽大于长，表面有细密刻点，着生浓黑绒毛，侧刺突粗壮而短钝。初孵幼虫淡黄色，渐黄色、深黄色老熟幼虫体长37毫米左右，头黄褐色，前胸背板的硬皮板长方形，腹部10节，3对胸足退化成刺尖。二斑黑绒天牛两年发生1代，当年6月底到8月底为成虫期。成虫出孔后当天交尾，5～6天后产卵，卵产在1～2年生的嫩枝皮下，经9天左右孵化，8月上中旬为孵化盛期，幼虫钻入椒树上部嫩枝条内蛀食危害韧皮。11月上旬以2～3龄幼虫在顶端25～40厘米处蛀食虫道越冬，翌年3月中旬开始由枝条向主枝或主干蛀食危害，并以高龄幼虫在虫道中越冬。第三年继续危害木质部，直至6月中旬开始化蛹，7月上旬为化蛹盛期，蛹经14～15天羽化，7月上旬为羽化始期，7月下旬为盛期，8月下旬为羽化末期。成虫羽化后1天就开始活动，钻出孔外，受惊时，能短距离飞行。一般产卵于当年新梢上，将枝皮刺破，把卵产于树皮下，1处1粒，最多2粒。幼虫在木质部往返蛀食，虫道回旋交错。在枝干内蛀食一定距离，向外开一个排粪孔，故可以粪便的新鲜与陈旧，识别孔内有虫无虫，以粪粒的大小，排粪量多少辨别孔内幼虫的大小。

3. 台湾狭天牛

属鞘翅目天牛科，俗名花椒枝天牛，是花椒树的重要蛀枝害虫之一。该虫特别喜欢集中危害衰弱枝条，以2～5年生的结椒枝条受害较重。成虫体长4.5～9毫米，体宽1～1.5毫米，雄虫较雌虫略小，体细长稍扁，淡褐色，被短绒毛，头部和前胸近等宽。触角丝状11节，略长于体长，节粗大，端半部膨大似棒状，第二节最小，近球形，其余各节相似，均细长，第一、二节色较深。前胸细长，前缘窄于头宽，中部两侧各有1圆形突起，近后缘缢缩；前胸显著窄于鞘翅基部，鞘翅狭长，表面各有3条淡黄白色斑纹。幼虫老熟时体长8～10毫米，体宽2～2.5毫米，乳白色，全体被白色短茸毛，头部大部分隐于前胸内，口器外露，黑褐色。腹部13节，由前向后渐细，无足。

台湾狭天牛在山西花椒产区，多数1年发生1代，少数3年发生2代，发生期不甚整齐。1年发生1代者，以幼虫于隧道内越冬，次春4月上旬继续危害，至5月下旬陆续老熟化蛹，6月上旬为化蛹盛期，下旬为末期。蛹期15天左右，6月下旬开始羽化，成虫经7天左右出枝。7月初前后田间始见成虫，7月中旬前后为盛期。成虫出枝后2～3天开始产卵，卵期7～10天。幼虫孵化后即蛀入皮层中危害，到秋后10月中下旬于隧道内越冬。少数发生迟者，越冬幼虫第二年危害至秋末10月中旬才老熟化蛹，化蛹早者当年可羽化，但不咬破羽化孔，即于蛹室内越冬，化蛹迟者即以蛹越冬，第三年春越冬成虫方咬破羽化孔出枝或越冬化蛹后咬破羽化孔出枝。成虫出枝后交尾产卵。卵散产于衰弱和半枯死的枝条，以2～5年生枝产卵较多，一般每隔5～7厘米产1粒卵，偶有2粒卵产在一起的。幼虫孵化后即由卵壳下蛀入表皮，于皮层中蛀食，粪便与碎屑排于体后，充塞于隧道中随虫体的增长而逐渐蛀到木质部与韧皮部之间和木质部内危害，均食成凹沟。近老熟时方蛀入在木质部内。老熟时便于木质部内隧道的末端蛀一长10～14毫米的蛹室，后端有粪便与木屑充塞，头向隧道端部化蛹。

4. 红缘天牛

属鞘翅目天牛科，俗名红条天牛、红缘亚天牛，是一种食性广的钻蛀害虫。危害苹果、梨、枣、酸枣、葡萄、榆、刺槐、花椒等枝干，幼虫于枝干皮层、木质部内蛀食，轻者削弱树势，重者造成整枝或整树枯死。

成虫体狭长，黑色，雌虫体长19.5毫米，宽6毫米左右，雄虫稍小，11毫米×3.5毫米左右，头短，密生刻点，被灰白色细长竖毛，前部的毛色深而密。触角丝状，细长，11节，雌虫略与体等长，雄虫触角约为体长的2倍。前胸宽稍大于长，表面刻点密而深，排列均匀呈网纹状，被灰白色细长竖毛，小盾片呈等边三角形。鞘翅狭长而扁，两侧缘平行，末端钝圆，基部各有一朱红色椭圆形斑，外缘有一朱红色窄条，翅面刻点较胸面的小，向后渐细密。翅面被黑色短毛，红斑上为灰白色长毛。腹面布有刻点及灰白色细长柔毛。前、中胸腹板刻点粗而密。足细长。幼虫体长22毫米左右，乳白色，腹部13节，由前向后渐细，第一节粗大，背板前方骨化部分深褐色，中央有一纵横的淡黄色带，将深褐色部分分成4块。

红缘天牛在山西1年发生1代，以幼虫在被害枝干的皮层或木质部越冬，3月恢复活动，继续危害。4月下旬至5月上旬陆续老熟，于隧道端部化蛹。5月下旬至6月上旬羽化，成虫羽化后咬破羽化孔爬出，交尾、产卵，多产于直径0.5~3厘米的枝干的各种缝隙内。幼虫孵化后先蛀入皮下，于韧皮部与木质之间危害，逐渐蛀入木质部于髓心危害，严重时可将内部蛀空，至10月以后在隧道端部越冬。幼虫危害部外表不易看出，没有通气排粪孔。

防治方法：天牛是花椒树的主要蛀干害虫，在山西省花椒产区发生普遍，危害十分严重，天牛种类繁多，危害部位各异，所以防治花椒天牛应采取药剂防治和人工防治及生物防治相结合的方法。

(1)药剂防治

①药液涂干法：于每年3月底、4月初，用柴油+40%增效氧化乐果5倍液，用刷子蘸药液涂刷被害处，对皮下幼虫进行防治，其防治效果显著。据调查，药液涂干防治黄带球虎天牛效果可达93.8%，并且对花椒开花结果无影响。

②毒签熏杀幼虫：根据幼虫老熟后蛀入花椒树干髓部做蛹室化蛹的特性。于5月底6月初将毒签插入虫孔。孔口塞湿泥，以防毒气从孔口挥发掉，幼虫死亡率达90.5%，是防治黄带球虎天牛老熟幼虫的有效方法。对二斑黑绒天牛防治效果也很好。

③在成虫开始羽化时，喷洒50%敌敌畏800倍液，毒杀新羽化成虫。

④在成虫盛发期，喷乐果1000~1500倍液或敌敌畏1000倍液，将成虫消灭在产卵之前。

⑤麦杆蘸溴氰菊酯与敌敌畏各50倍的混合液塞入洞内，用土封堵洞口，效果良好。4~10月间任何时期进行防治均可，但最好在4月进行，因此时树木刚发芽，枝干上有新木屑推出易于发现，并对当年丰产有重要作用。

⑥ 蛀孔内注射40%氧化乐果10倍液，都可收到比较满意的防治效果。

⑦ 成虫发生前，在树干和主枝基部涂刷涂白剂，可防止成虫产卵。

(2)人工防治

① 4月中下旬，幼虫1～3龄时在韧皮部取食，被害部位流出黄褐色树液，可用刀尖挑刺。5月中下旬幼虫进入木质部，可用钢丝钩杀。

② 成虫发生期，可于早、晚在树干上捕杀。

③ 被害枯死的枝干要及时剪除烧掉，消灭枝、干中的虫源，减低虫口密度。

④ 结合花椒树的整形修剪，剪除虫枝，对台湾狭天牛和二斑黑绒天牛低龄幼虫的防治效果很好。

(3)生物防治

培养肿腿蜂以1∶2(1条幼虫2条肿腿蜂)于每年4月中旬释放。

**(三)橘啮跳甲**

橘啮跳甲，属鞘翅目叶甲科，俗称花椒潜叶跳甲、红猴子等，是花椒树的主要害虫之一。成虫、幼虫危害花椒叶片，造成花椒树大量减产和死亡。该虫是一种恶性食叶害虫，专危害花椒叶片，尚未发现其他寄主，以幼虫潜食叶肉，造成大量椒叶只剩上下表皮，最后焦枯。成虫直接咬食叶片，造成缺刻，前期造成叶片减少，影响光合作用进行和营养制造、积累，后期导致椒树落叶，造成二次长叶，消耗大量水分、养分，降低冬季抗冻能力，来年不结椒或结椒很少。

花椒橘啮跳甲，成虫卵圆形，体长5毫米，宽2.7毫米左右，头黑色，下口式，眼圆形，着生位置接近前胸，触角长约1.5毫米，丝状，11节，着生于复眼下方。前胸背板和鞘翅赭红色，鞘翅上具有数条细微的纵列点刻，臀部全被鞘翅覆盖，3对足黑色。卵粒椭圆形，长8.8毫米，宽0.40毫米，乳白色，顶部有透明小孔。呈块状聚集，上覆褐色网状胶质物。幼虫 3 对胸足，无腹足，初龄虫体乳白色，头和胸足黑色，从胸背至尾部有一条淡黑色带胸部具有黑点。老熟幼虫长约 7 毫米，体扁，头足黑褐色，胸部 8 节，白色，多皱纹，臀板褐色。此虫 1 年发生 2 代。以成虫潜入树冠下 3 ~6 厘米深处和树基部的土壤中越冬。第二年 4 月中旬越冬成虫开始出土，4 月下旬到 5 月上旬开始上树，取食叶片，5 月中旬大量上树取食叶芽，并开始交尾，5 月下旬到 6 月上旬为交尾、产卵盛期。成虫不惊动时，一般昼夜伏在叶背不多活动，当受惊时，弹跳逃避，飞 1 ~3 米远。多产卵于叶背尖端的半片叶上，成块状，上覆盖褐绿色胶质物好似半颗花椒皮扣在卵上，每块卵有 14 ~27 粒。6 月上旬开始出现一代幼虫，初孵幼虫不出卵块上覆盖的胶质硬壳就直接潜入叶肉危害。6 月中旬为第一代卵孵化高峰期，也是该虫第一个危害高峰期。幼虫经 15 天左右钻出叶面落地入土化蛹，蛹期 10 ~12 天。6 月下旬到 7 月上旬为蛹盛期。7 月下旬第二代幼虫开始出现，8 月中旬为第二代幼虫高峰期，也是该虫第二个危害高峰期。8 月下旬化蛹，9 月中旬第二代成虫出现，直至 10 月中旬成虫在花椒树基部和树冠下 3 ~6 厘米深的土壤里越冬。

防治方法：根据花椒橘啮跳甲在土中越冬的特点，除大力推广深刨培土，消灭越冬成虫外，还应进行药物防治。

① 地面药剂封闭法：此法可将该虫消灭在上树之前，防治时间一般在 4 月下旬，越冬成虫开始出土前，用 40% 氧化乐果 2000 倍液喷洒地面，然后浅翻(10 厘米左右)土壤，防治效果可达 79. 19% 。

② 在幼虫危害高峰期，可采用 40% 氧化乐果 2000 倍液喷洒树冠，防治效果均在 90% 左右。

③ 4 月中旬用溴氰菊酯、百树菊酯或杀螟松 2000 倍液喷洒树冠和地面，毒杀越冬成虫，是争取当年丰收的关键防治措施。

**(四) 花椒凤蝶**

花椒凤蝶属鳞翅目凤蝶科，是花椒产区普遍发生的害虫之一。该虫主要以幼虫危害叶片，尤其喜食嫩芽、叶及嫩梢，受害幼树的枝干常弯曲多节，对树木的生长发育和结实影响极大。成虫体长18～30毫米，翅展66～120毫米。体色黄绿，体背有黑色背中线。翅黄绿色或黄色，沿脉纹两侧黑色，外缘有黑宽带，带的中间前翅有8个、后翅有6个黄绿色新月斑，前翅中室端部有2个黑斑，基部有几条黑色纵线，后翅外缘呈波状，并有一尾状突，黑带中散生蓝色鳞粉，臀角处有一橙黄色圆斑纹。卵圆球形，直径约1.5毫米，稍扁，初产乳白，后为深黄，孵化前紫黑色。卵常产在叶背或芽上，每处一粒。幼虫初龄黑褐色，头尾黄白，似鸟粪，老熟时全体绿色，体长约40～45毫米，前胸节背面有一对橙色的臭丫腺(臭角)。蛹体长约30毫米，淡绿稍带暗褐，体型纺锤形，前端的一对突起明显，呈“V”形，胸背有一尖锐突起。

花椒凤蝶，在南部地区一年发生2～3代，以蛹越冬。该虫有世代重叠现象，各虫态发生很不整齐，4～10月均有成虫、卵、幼虫和蛹出现。成虫白天活动，卵产于叶背或芽上，卵期约7天。初孵化幼虫危害嫩叶，将叶面咬成小孔，长大后常将叶片吃光，老叶片仅留下主脉，5龄幼虫生食量最大，一日能食数枚叶片。遇惊动即伸出臭丫腺，放出恶臭气，以拒外敌。老熟幼虫停食不动，体壁发亮，并在枝干、叶柄等部位化蛹，蛹体斜立于枝干上，末端固定，顶端悬空，并有丝缠绕。

防治方法：花椒凤蝶因其幼虫体大易见，越冬蛹挂在枝梢上，防治应以人工捕捉为主，幼虫发生多时，可喷药防治。

① 冬季清除越冬蛹。

② 发生比较轻微或个别树上有虫时，进行人工捕杀。

③ 幼虫发生多时，可喷50%敌百虫1000倍液；80%敌敌畏乳油1000倍液；苏云金杆菌1000～2000倍液毒杀。

**(五)金龟子类**

金龟子类害虫，为鞘翅目害虫，种类很多，是一个大家族，早春成虫羽化出土后，就可以看见的不同颜色、大小、形态特征的金龟子。在春季咬食嫩芽、嫩叶、花朵，致使很多枝条形成下半截光秃的“光腿”，严重影响树形的培养和结果枝组的培养；咬食花柱等花器官后，影响坐果，进而影响花椒产量。其幼虫，称为蛴螬，也叫地蚕，部分地区群众也叫核桃虫。幼虫孵化后，生活在土壤中，在地下咬食根系、幼苗胚轴、嫩茎等植物地下组织，咬断或咬伤种子、幼苗、嫩茎等，危害很大。成虫和幼虫，都给花椒造成很大危害和损失。不同种类的金龟子，生活习性、活动规律、危害时间、危害形式等都不相同，且生活史不整齐，羽化出土时间、活动时间和规律也不一致，大大增加了防治的难度。

针对金龟子类害虫，种类多，生活史不整齐，难以防治的特点，除结合营林技术措施进行无公害防治外，我们还在山西省晋中市榆次区晋丰元农林有限责任公司基地上，试验成功利用蓖麻防治方法。将蓖麻种植在金龟子危害的经济林园区，诱其取食，起到良好的诱杀防治效果。但部分金龟子种类，羽化出土较早，在其出土危害时，蓖麻还没成长为可以起到防治作用的植株，如果及早种植，一是温度低，种子不能发芽生长为可以起到防治作用的植株，二是幼苗易受晚霜冻害，难以生存。因而，可提前在温室大棚中，培育蓖麻幼苗，最好用容器育苗技术培育容器苗，在金龟子羽化出土时，移栽在椒园，既可避免晚霜冻害，又可与金龟子出土活动危害同步，起到良好的防治效果。

蓖麻的种植密度，可视金龟子的虫口密度和危害程度而定，危害严重的，种植密度可加大。套种在经济林的行间、株间，均匀分布在林中即可。

据晋丰元农林有限责任公司试验观察，利用种植蓖麻防治金龟子，不仅当年防治效果显著，而且在秋季，蓖麻植株枯死后，将其割刈平铺在园地，第二年还可起到良好的防治效果。应用得好，种植一年，三年有效。

除上述种植蓖麻外，也可采用传统的防治方法进行防治：

①在成虫发生期，利用其假死习性，于傍晚振落捕杀。因该虫危害树种多，同时进行捕杀，才能收到更好的效果。

②利用成虫的趋光性，设黑光灯诱杀。

③施用有机肥时，一定要用充分腐熟的有机肥，可避免金龟子在没有腐熟的有机肥中产卵繁殖。

④越冬成虫出土高峰期，用20%杀螟松粉于14：00～21：00喷洒在成虫出土聚集较多地段，每亩用药1千克左右。

⑤树枝诱杀。利用金龟子喜食植物鲜嫩枝叶的习性，用100倍敌百虫液将鲜嫩枝叶浸渍后，堆积在路边诱杀。

⑥ 成虫大量发生时，可进行树上喷药，喷施25%可湿性西维因500倍液，或40%乐果乳油1000倍液。

**(六)花椒窄吉丁**

花椒窄吉丁，属鞘翅目吉丁虫科。主要是幼虫蛀食枝干的韧皮部和木质部，切断养分、水分输送管道，造成大量枝干枯萎死亡。受害部位表面呈黑褐色，继而有棕红色树胶渗出，呈透明琥珀色胶块，枝干被串食一圈后随即死亡。主要危害中壮龄树，树龄越大受害越重，趋于衰老的树受害最烈。

成虫体长7～10毫米，宽2～3毫米；体黑色，具有紫铜色光泽。鞘翅灰黄，前半部具“S”形黑斑，后半部具飞蝶形与方形黑斑各1个。头横宽，密布纵刻纹或刻点；额部具“山”形沟，中沟上抵前胸背板；复眼大，几乎与前背板相连；触角11节，鞭节锯齿状。卵扁椭圆形，长0.8～0.9毫米，宽0.45～0.65毫米。幼虫扁平，乳白色，头和尾突暗褐。蛹长约9毫米，宽2.5～3毫米，初乳白色，渐变暗黄，近羽化时黑褐色。

该虫1年1代，以幼虫在枝干内3～10毫米处越冬。翌年4月上旬开始活动，中下旬达盛期，同时有个别老熟幼虫开始化蛹，蛹期20天左右。成虫羽化7～10天开始出洞，6月下旬为盛期。成虫在树干粗皮裂缝处产卵，卵期18～25天。成虫寿命12～65天，7月初为孵化盛期，幼虫期达10个月以上，初孵幼虫先躲在皮缝或覆盖物下，再蛀入韧皮部开始危害。

防治方法：

① 用铺地砖用的橡皮锤轻击有流胶处树皮，击死在皮下蛀食的幼虫。将幼虫消灭在未蛀入木质部化蛹前。时间可分两个时期：一是幼虫越冬后活动流胶期，主要在 4 月上旬至 5 月上旬；二是从 6 月上旬开始，虫体越小，锤击效果越好，一般可达 90% 以上。

② 4 月下旬或 8 月下旬，用 40% 氧化乐果乳剂 30 倍液，涂抹树皮流胶处，杀死皮下幼虫。

③ 成虫羽化盛期，用 40% 氧化乐果乳剂、50% 敌敌畏乳剂和 90% 敌百虫 1000 倍液喷施树冠，毒杀成虫。

④ 清除枯死木及濒死木，集中烧毁。

## 三、常见病害的防治

花椒树病害种类很多，如花椒锈病、枝枯病、煤污病、炭疽病、根腐病等。

### （一）花椒锈病

花椒锈病是花椒叶部重要病害之一，严重时可引起花椒树叶大量脱落，直接影响次年的结果。

症状：发病初期，叶片正面出现 2 ~ 3 毫米的点状水渍退绿斑，并在与病斑相对的叶背面出现黄橘色或锈红色症状物，为夏孢子堆，有的排列成不规则的环状，严重时扩及全叶，叶片橘黄脱落，秋季在病叶背面出现橙红色；近胶质状的冬孢子堆凸起，但不破裂，圆形或长圆形，被害树严重时往往在一年内萌发二次新叶，新叶仍能感染此病。

本病由花椒鞘锈菌引起，夏孢子借风力传播，阴雨天气有利于叶锈病的发生，降雨早而多的年份发病重；反之发病晚而轻。树势强壮，抵抗病菌侵染能力强，发病轻；树势弱则发病重。发病初期，先从树冠下部叶片感染，以后逐渐向树冠上部扩散。

防治方法：

① 选择抗病能力强的优良品种，并注意园地选择，栽植密度不要太大。

② 加强肥水管理，铲除杂草、合理修剪，改善椒园通风透光条件，促进树势生长，增强抗病能力。

③ 秋季及时剪除枯枝，清除园内的落叶和杂草，集中烧毁，以减少越冬菌源。

④ 发病初期或未发病时，喷 1∶1∶100 倍的波尔多液，或 0.3～0.4 波美度石硫合剂。对已发病的，可喷 15% 的粉锈宁可湿性粉剂 1000 倍液，可控制夏孢子堆的产生。发病盛期可喷施1∶2∶200倍波尔多液，或粉锈宁可湿性粉 1000～1500 倍液，即可控制花椒锈病的发生和危害。

### (二) 花椒枝枯病

此病在山西各地花椒产区均有发生，枝条被害后引起枝条枯死。

症状：病斑常位于大枝基部，小枝分叉处或幼树主干上，发病初期病斑不明显，后期病斑表皮呈褐色，边缘黄褐色，干枯而略下陷、微有裂缝，但病斑皮层不立即脱落，病斑多数呈长形，当病斑环绕枝干一周时，上部枝条即枯死。秋季病斑上出现许多黑色小颗粒，即病原菌的分生孢子器。

发病规律：病菌以菌丝体和分生孢子器在病的组织内越冬，为翌年初次浸染的主要来源。菌丝越冬后，可在病部继续扩展危害，在一年中分生孢子器可多次产生孢子，分生孢子借风雨和昆虫等进行传播，一般从伤口侵入。在多雨高温的季节，更有利于病害的发生和蔓延。

防治方法：

① 加强椒园栽培管理，增强树势。避免椒树受伤，防止冻害，结合夏季管理，剪除病枝，集中烧毁。

② 对不能剪除的大枝或树干上的病斑，可在刮除病斑后，用 1% 的硫酸铜液或 1% 的抗菌剂(401 液)，进行伤口消毒。

③ 椒园发病较重时，早春可喷一次 1∶1∶100 倍的波尔多液，也可喷 50% 的退菌特可湿性粉剂 500～800 倍液进行防治。

### (三) 花椒煤污病

又称黑霉病、煤烟病等，该病除危害叶片外，还危害嫩梢及果实。发生严重时，黑色霉层覆盖整个叶片，病叶率可达90%以上，影响光合作用，削弱树势，造成减产。

症状：初期在叶片表面生有薄薄一层的暗色霉斑，稍带灰色，随着霉斑的扩大增多，黑色霉层上散发黑色小粒点(子囊壳)，此时的霉极易剥离。由于褐色霉层阻碍光合作用而影响花椒的正常发育。该病为真菌侵染而引起。

发病规律：该病的发生多伴随着蚜虫、介壳虫，斑衣蜡蝉的发生而发生，病菌以菌丝及囊壳在病组织上越冬，次年由此分散出孢子，再由蚜虫，斑衣蜡蝉的分泌物而繁殖引起发病，病菌不直接危害寄主，主要是覆盖寄主，妨碍光合作用而影响生长发育。一般情况下，以上3种虫害发生严重时，该病害也相应严重，在多风、空气潮湿，树冠枝叶茂密，通风不良的情况下，有利于该病害的发生。

防治方法：

① 人工防治：注意整形修剪，培养良好的树形，保持树冠通风良好，降低温度。对剪除的被害枝条，要集中烧毁。

② 药物防治

以蚜虫为主发生时可喷施马上清(内含3%的啶虫脒)，按说明书使用。

蚜虫、斑衣蜡蝉同时发生时，可喷施25%敌杀死乳油3000～4000倍液或20%的天扫利乳油2000～3000倍液。

介壳虫单独发生时，可喷施45%晶体石疏合剂100倍液。

生长期蚜虫、介壳虫同时发生时，在介壳虫早期，雌虫膨大前，可用24.5%的爱福丁乳油300～400倍液，70%爱美乐水分散剂600～800倍液喷施。

**(四)花椒炭疽病**

俗称黑果病，主要危害果实、叶片及嫩梢，造成落果、落叶、嫩梢枯死等现象。

症状：发病初期，果实表面呈不规则的褐色小斑点，后期发病斑变成深褐色或黑色，圆形或近圆，中央凹陷，病斑上有很多褐色至黑色小点，呈轮纹状排列。天气干燥时，病斑中央呈灰色或灰白色；阴雨高温天气，病斑上的小黑点呈粉红色小突起，即病原菌分生孢子堆。

发病规律：病菌以菌丝体或分生孢子在病果、病叶及病枝上越冬，成为次年初次侵染的来源。病菌的分生孢子能借风、雨，昆虫等进行传播，在一年之中能发生多次侵染危害，每年 6 月下旬到 7 月上旬开始发病，8 月为发病盛期，花椒园密度过大，通风不良，高温高湿，树势衰弱等条件，更易发生该病害。

防治方法：

① 人工防治：加强椒园管理，及时松土除草，防止偏施氮肥，做好椒园排水，改善通风透光条件，增强树势，提高抗病能力。及时清除感染枝叶，集中烧毁。

② 药物防治：早春喷施一次石硫合剂 180 ~ 200 倍液，或 1∶1∶200的波尔多液进行预防。幼果期(6 月下旬)可喷施一次 80% 的炭疽福美可湿性粉剂 800 倍液。8 月可喷施 80% 的倍得利可湿性粉剂 800 倍液或 1∶1∶100 倍的波尔多液。

**(五)花椒根腐病**

花椒根腐病常发生在成年花椒园和苗圃中，是由腐皮镰孢菌引起的一种土内传染病害，受害植株根部变色腐烂、有异味，根皮与木质部脱离，木质部呈黑色，地上部分形小而叶黄，枝条发育不好，严重时全株死亡。

防治方法：

① 改良排水不畅和环境阴湿的椒园，使其通风干燥。

② 在苗期及时拔除病菌苗。可用 15% 的粉锈宁 500 ~ 800 倍液，消毒土壤。

③ 移苗时，如果发现该病，可用生石灰消毒土壤，并用 15% 粉锈宁 500 ~ 800 倍液灌根。

④ 4 月，用 15% 粉锈宁 300 ~ 800 倍液灌根成年树，可有效阻止发病。在夏季灌根可减缓发病的严重程度，在冬季灌根可减少病原

菌的越冬结构。

⑤ 在秋季对花椒树应刨开旧土见根，剪除病根，撒上根腐散农药，再换上新土埋好，可有效防治该病的发生；并对挖除的病死根、死树集中烧毁。

## 四、冻害的防治

### （一）加强管理，增强树势

对花椒冻害情况调查发现，在同样冻害气候条件下，管理良好，树势健壮的椒园，受冻害程度明显较轻，而且受冻后，树势恢复快，对椒树的影响明显较小；而放任管理的椒园，树势衰弱，受害程度则明显加重，且树势恢复缓慢，恢复期长；衰老树受害程度则更为严重，大量枯老主枝被冻死，有的则整株死亡。充分说明，树势旺盛、健壮，抵御不良环境的能力明显较强，因而，一定要加强对椒园的管理，增强树势，对衰老树，在加强土肥水管理的同时，及时回缩更新复壮，恢复树势，提高抗性，最大程度地降低低温冻害对椒园造成的影响和损失。

### （二）涂白

越冬前，对椒树枝干涂白，相当于给椒树穿了一层衣服，既可有效地防治低温冻害，又可反射阳光的直射，避免冬季白昼和黑夜冷热温差交替对椒树的损害，还可有效地防治病虫害滋生蔓延。涂白可防寒、防冻、防日灼的作用机理，涂白剂的配制、喷涂方法，已在前文详细介绍，不再赘述，但一定要认真做好。

### （三）幼树冻害的防治

秋季造林的幼树，可采取截干造林的方法，将留下的苗干埋入土中越冬，翌春扒开。未截干造林的，一是可将苗干轻轻压弯，堆土埋入土中，翌年春季扒开堆土，放出苗木；二是可在苗木地上部分缠绕、包裹卫生纸、报纸、秸秆等防寒，第二年春季及时去除；三是喷涂防冻剂防寒越冬。

### （四）抽梢的防治

花椒枝条抽梢现象的发生，主要是前一年秋季枝条徒长，木质化程度不高，枝条不充实，抗寒能力差造成的。无论是苗圃地的幼苗、幼林地的幼树，还是成年椒树，防治抽梢的基本原则是"前促后控"。即在雨季之前，可施肥、浇水，尽力促进生长，扩大生长量。但在雨季之后，进入秋季，一定要严格控制水肥，尤其是不能再追施氮肥类肥料，控制枝条徒长，促进新梢木质化，使其在落叶前，枝条充实，木质化程度高，抵御低温冻害的能力强，即可防止抽梢，安全越冬。

秋季造林的幼树，可采取上述埋土、包裹的办法防止冻害、抽梢。春季造林的幼树，如建园栽植一节所述，栽植时，浇水下渗后，覆一层虚土，将穴面整平，用尽量大一点儿的塑膜覆盖穴面，使地温尽快提升，促使根系尽快活动吸收，供给地上部分的消耗和生长，保持苗木体内水分的平衡，既有利于苗木的成活，又可有效避免抽梢现象的发生。

对于已经发生抽梢的枝条，要及时发现，及时防治。顺着抽梢枝条向下，在没有干枯、枝条完好处剪截，阻止其继续向下抽。剪口要平整光滑，以利于伤口愈合。剪截后，最好用愈合剂涂封剪口，防止枝条体内水分和养分自剪口处散失。

**(五)晚霜冻害的防治**

晚霜冻害的防治，首先是选用物候期较晚的晚花品种，可从根本上解决晚霜冻害。但目前在通过良种审定的品种和农家栽培品种中，通过科学观测研究，能够确定的晚花品种，未见公开报道，有待于进一步的观测研究。较为耐寒的枸椒，物候期滞后较晚的狮子头等品种，各地可根据观测结果选用。其次，建园时园址的选择，一定要避免在低洼地带建园，"风刮过梁霜打洼"，是从生产实践中总结的经验。因为冷空气比重较大，在晚霜来临时，冷空气下沉、聚集在低洼地带，造成较重的晚霜冻害。这种现象，我们在晚霜冻害时，可明显地观察到，同一片林子，同一棵树，下部冻害明显较上部严重，充分说明低洼地带更容易遭受晚霜危害。此外，如果是背风向阳的低洼地带，为特殊的温暖小气候区，早春树木发芽开花早，气候还不稳定，寒流还没结束，晚霜冻害则更为严重。

晚霜冻害的防治，目前还是以熏烟防治为主。对于无风天气形成的霜冻可采用熏烟防治的方法。在开花盛期，随时注意各级气象部门的天气预报。监测所在地区的天气变化，在霜冻来临时，及时熏烟防治。

熏烟所用的烟雾剂，一定要科学配制，基本要求是易点燃，无明火，烟雾浓重，持续时间长。因为明火不仅容易引起森林火灾，而且只是局部高温，也起不到防霜效果。熏烟用的烟雾剂，要易点燃，便于在野外操作。

介绍一种自制的烟雾剂配方，供参考应用，以锯末为主，为了增加烟雾浓度，可加入适量的粉煤灰和保养汽车、摩托车时更换出来的废弃机油。为了易点燃，可加入少量的硝酸铵或硝酸钾。市场上如果买不到，可在烟雾剂的底部加入易点燃的秸秆、刨花等。将以上配料混配均匀，按照一定规格压制成型。使用时，置入废弃的油漆或涂料铁皮桶内，在野外点燃即可。

这种烟雾剂，可就地取材，成本低廉，防霜效果好，便于操作。也可采用森林病虫害防治时，用于有害生物防治的烟雾机进行防治，不配制药剂，只利用其产生的烟雾防治霜冻。

现在，已研发出各种不同类型的“智能型防霜冻烟雾发生器”，有条件的，可在市场上购买使用。根据不同的防治树种，调整其花期生理耐寒温度，在达到或低于该温度时，即可自动引发烟雾体，释放烟雾防治霜冻。

熏烟防霜方法，只有在无风条件和一定低温范围内才有效果，对于大风、过冷雨雪，或低于 -4℃气温造成的霜冻危害，也是难以奏效的。

**（六）树干基部培土**

冬季，降雪较大时，会在椒树主干基部形成积雪，白天积雪融化为雪水，夜晚会冷冻成冰，这种昼夜温差，积聚在树干基部和浸入树皮缝隙的雪水，结冰后体积的膨胀，会对瘦薄、酥脆的花椒树

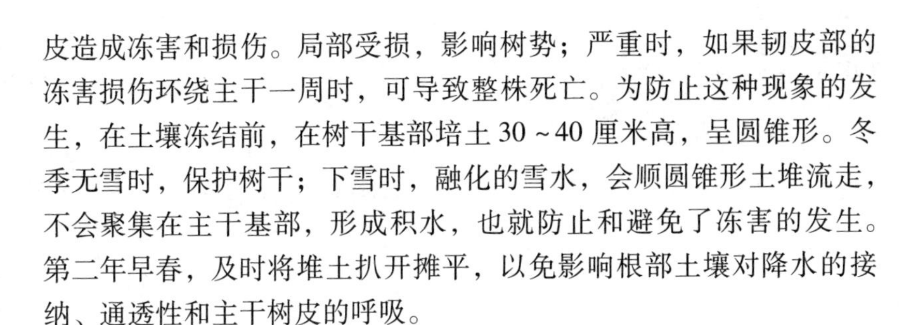

皮造成冻害和损伤。局部受损，影响树势；严重时，如果韧皮部的冻害损伤环绕主干一周时，可导致整株死亡。为防止这种现象的发生，在土壤冻结前，在树干基部培土 30～40 厘米高，呈圆锥形。冬季无雪时，保护树干；下雪时，融化的雪水，会顺圆锥形土堆流走，不会聚集在主干基部，形成积水，也就防止和避免了冻害的发生。第二年早春，及时将堆土扒开摊平，以免影响根部土壤对降水的接纳、通透性和主干树皮的呼吸。

# 第十章 花椒采收与制干储藏技术

花椒的采收加工，是花椒栽培的最后一个环节，也是极为关键的一个环节。因为采收时间、采收方法、制干方法，加工、储藏过程等，对花椒的品质、外观表形和商品价值都影响很大，所以，在整个采收、加工、储藏的每一个环节和过程，都要严格把握，予以足够的重视，才能做到"丰产又丰收"。

## 一、适时采收

花椒果实的成熟，从外观标志看，果实缝合线凸起，少量果皮自然开裂或即将开裂时，果实外表表现出该品种特有的色泽，种子黑色、光亮，是花椒成熟的重要特征。

不同地区，不同品种，不同立地条件，花椒的成熟期不同。同一品种，在同一地区的不同立地条件，采收期也不一样。因而，要根据实际情况，品种物候期特性等，区别对待，认真鉴别，科学确定采收时间。

花椒的采收期，不仅影响花椒的产量，而且对花椒的品质影响很大，采收过早，果实成熟度不够，有效成分转化和积累不充分，着色不好，影响花椒的外观成色和品质；椒皮瘦薄，制干出椒率低，影响花椒的产量。采收过晚，果皮开裂，有些品种成熟后，不及时采收，落果现象严重，造成损失。只有适时采收，才能色泽鲜艳，具有品种特有的色泽，出椒率高，麻香味浓郁，芳香油含量高。据鲜宏利等编著的《花椒优质丰产栽培技术图例》一书介绍，"大红袍花椒在立秋时采收，2 千克毛干椒中有 0.8 千克纯椒，1.2 千克种子；处暑后采收，2 千克毛椒中有 1.1 千克纯椒，0.9 千克种子。”其干毛椒的出椒率分别为40%和55%，相差15%之多。如果以鲜椒制干出椒率相比较，差别则更大。凸显适时采收的重要性。这仅仅是数量上的差别，众所周知，果实在成熟阶段，干物质的积累和有效成分的转化积累是关键。因而提前采收，不仅仅影响产量和制干出椒率，更影响花椒有效成分的积累和转化，严重影响花椒的品质。所以，在花椒市场火爆、紧俏的情况下，好多商贩和椒农为了一时的眼前利益，竞相抢青采收、采购，有的提前到 1 ~2 个月即抢青采收，可谓是自毁声誉的短期行为，是绝对不可取的。

## 二、天气选择

花椒成熟时，除要适时采收外，还要掌握好采摘时的天气，包括采摘前几天和采摘当天的天气状况两个方面。

### (一)采摘前天气状况

花椒成熟采收期，正是伏天或初秋，天气炎热，气温高。据观察，花椒在成熟期，如果连续几天的晴天高温，太阳照射，花椒果面会失水变色，颜色变淡发黄，如果此时采摘，制干的花椒则颜色浅淡，影响花椒的看相、卖相和收益。干旱条件下，这种现象尤为突出。根据经验，在这种情况下，要等下雨或阴天来临后 2 ~3 天，气温下降，气候潮湿，椒色即变得艳红漂亮。此时采摘，晾晒出来的花椒成色好、卖相好。所以，采摘时，一定要根据天气状况，掌握好采摘时机。

### (二)采摘当天的天气

花椒晾晒制干时，要一次性制干，才能晾晒出色泽艳丽漂亮的花椒。如果当天不能开裂脱籽，第二天再晾晒，花椒就会褪变脱色，变得色泽暗淡，发黄或发黑失去光泽，影响质量。所以，一定要选择晴朗微风天气，早上露水退去后，尽早采摘、晾晒，确保椒果当天可开裂脱籽。不可在阴雨天气采摘，无法及时晾晒，影响花椒品质。

## 三、采摘方法

### （一）人工采摘

到目前为止，花椒还是以人工采摘为主。采摘时，要做好采摘前的准备工作，采摘用的梯子、凳子等器具，晾晒制干的场地、苇席等。

据我们观察，花椒鲜果在采摘、转运、晾晒过程中，如果碰破果面上的疣状腺点，群众也称之为“油泡”，擦伤果面，在空气中氧化后，颜色就会发黄或发黑。因而，在采摘、晾晒过程中，一定要注意尽量避免鲜果的碰撞和翻倒搅动，尽最大可能不使腺点破损，果面擦伤。

采摘时，因为花椒有皮刺，为防止皮刺扎伤，可一手抓住果枝，一手拿捏住果穗基部与枝条连接处，向侧方用力，整穗掰下。不可直接拉拽，既费劲，还容易晃动枝条扎伤人，也容易折断枝条。

需要注意的是，有些地区有用剪刀剪采花椒的习惯，剪采时，连同部分枝叶一并剪下，会损伤枝条和树体，影响来年椒树的长势和产量，是不可取的。

### （二）采摘机采摘

目前，为了避免人工采摘被花椒皮刺扎伤，提高采摘效率，已研发出不同型号的花椒采摘机。这些机具，大多采用锂电池为动力，小巧玲珑，方便携带和使用，解放了生产力，提高了采摘效率。但在选用时，一定要注意其采摘原理，采摘过程，会不会对鲜果腺点和果面造成损伤，会不会影响花椒质量。在此前提下，可选用机械采摘，提高效率，降低成本。

## 四、花椒的制干

### （一）人工晾晒

采摘的鲜花椒，摊放在有阳光照射、地势开阔、通风良好的地面、石板或水泥地面上，有条件的，摊晾在席子、苇席、筛网上更好，用凳子、支架将席子、苇席、筛网支起，架空晾晒，上下通透通风，水分散失快，晾晒效果好。摊晾的同时，拣去枝叶等杂物。和前述采摘前天气暴晒会使椒果失色的道理一样，晾晒时，也要避免摊放在水泥地板和柏油路上，强光暴晒，温度过高，贴近地面的椒皮，在高温烘烤下也会失去光泽，颜色灰淡，影响质量。此外，在沥青路面上晾晒，沥青油的挥发熏蒸，以及路面小石子的剥落，也会对花椒造成污染和掺杂，影响花椒质量。

晾晒的花椒，绝大部分自缝合线处开裂，露出种子，或部分种子已脱落时，用细木棍轻轻敲打，使种子与果皮分离，再用簸箕或筛子将种子与椒皮分开，再将种子和椒皮分别晾晒至干，水分合理达到储藏要求。花椒种子，因种皮坚硬致密，表面有油脂层，水分散失慢，第二天仍要继续晾晒才能达到储藏要求。一般情况下，天气晴好时，当天早晨采摘的花椒，都可晾晒脱籽，干制出品质、色泽良好的花椒。

用作种子的花椒，不可在水泥地板、沥青路面上暴晒，以免高温烘烤，种子失去发芽力。

根据经验，如果受天气或其他因素影响，当天不能一次性晒至开裂脱籽的，当天可以不晾晒，放置 1 ~ 2 天后，待鲜果散失一部分水分再晾晒，同样可以晾晒出品质优良、色泽鲜艳的好花椒。具体做法是，将采摘回的鲜花椒摊晾在土地地面或砖铺地面上，厚度 15 厘米左右，晾 1 ~ 2 天，椒果失去部分水分，在晴朗天气，再拿出去晾晒，则可一天开裂脱籽，晒干。这样，经过晾置的花椒，色泽鲜艳，品质良好。但不能摊晾在水泥地板和瓷砖等硬化地面上，因为水泥地板和瓷砖地板不透气，不吸潮，不但水分不能散发，其聚集的潮气，反倒会使椒果受潮霉变。

需要注意的是，绝对不可当天晾晒个半截，椒果没有开裂脱籽，第二天再接着晾晒，花椒会褪色变质，颜色暗淡，发灰或发黑，影响质量。

**(二) 机械烘干**

随着技术的进步，为了避免天气原因造成花椒的变色、变质，已研发出花椒烘干机。烘干过程中，要注意轻缓地将鲜椒放入烘干桶内，在烘干过程中也不宜翻动、搅拌，避免鲜果相互碰撞、摩擦，损伤腺点和果面，影响花椒色泽。放置好后，开机烘烤，按照要求，温度控制在30～55℃，烘烤3～4小时，待花椒全部开裂露籽时，将椒果从烘干机中取出，轻轻敲打、抖落脱籽，使果皮与种子分离后，去除种子，将椒皮再放入烘干机烘烤，温度控制在55℃，至干取出，入库保存。

## 五、花椒加工储存

制干后的花椒，如果暂不调运销售，则不可加工分级和去除果柄。因为在筛选分级、去柄、除杂过程中，会对果皮腺点和果面造成摩擦损伤，在储藏过程中容易氧化、褪色，也容易使麻香味挥发，降低花椒品质。所以要以毛椒储存，调运、销售时再加工。毛椒就是未经加工去除果柄的花椒。

### (一)鲜花椒储存

鲜花椒一般保存温度为0～5℃。前面已经阐述，在储存、搬运过程中，一定注意，尽量不挤压、揉搓、擦伤腺点和果面，确保储存过程，不降低花椒品质。

### (二)干花椒储存

干花椒一般保存温度为－3～3℃。同样，在储存、搬运过程中，要轻柔作业，不挤压、揉搓、破损果皮腺点和果面。

这种低温保存的毛椒，可长期保持色泽不变，气味不挥发，麻香味不减，还不耗秤，减少重量。确保了花椒的色泽艳丽，品质上乘。

在确定出售、调运时间时，再从保鲜库中取出良好保存的花椒，进行筛选分级，去除果柄和杂质。将梅花椒、大粒椒等，分级包装、销售，提高市场占有率、企业知名度和花椒产业的经济效益。

花椒的麻香味，是具有挥发性的芳香类物质。所以，我们在日常生活中用作调料的花椒，为避免其麻香味的挥发，也要存放在密闭的容器中，少量多次的取用，用后即包装密封好，避免麻香味的散失。

# 参考文献

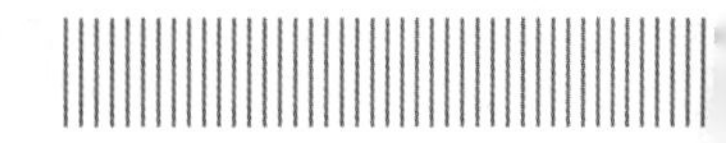

刘学勤，王加强，等．1989. 石灰岩中山区干旱阳坡花椒园主要栽培技术的研究．见：山西省林业科学研究所著，科研文集[M]. 北京：学术书刊出版社.

刘学勤，王加强，等．1990. 阳坡山地花椒园的水土保持效应[J]. 山西水土保持科技，2：18－20.

刘学勤，王加强，等．1992. 花椒“压苗”栽植方法及其造林效果[J]. 河北林学院学报，7(3)：193－198.

桑芝法，王加强．1985. 花椒树冻害调查[J]. 山西林业科技，4：38－41.

山西省林业科学研究院．2001. 山西树木志[M]. 北京：中国林业出版社.

鲜宏利，孙丙寅，等．2015. 花椒优质丰产栽培技术图例[M]. 杨凌：西北农林科技大学出版社.

# 附录　花椒栽培周年管理历

| 月份 | 物候期 | 主要管理内容 |
| --- | --- | --- |
| 1 | 休眠期 | 1. 技术培训;<br>2. 肥料、农药等生产资料准备 |
| 2 | 休眠期 | 1. 休眠期整形修剪;<br>2. 接穗采集、蜡封、储藏 |
| 3 | 休眠期 | 1. 喷涂施石硫合剂;<br>2. 扒开防冻土堆;<br>3. 耙磨平整育苗地;<br>4. 苗木出圃;<br>5. 春季造林建园 |
| 4 | 萌芽期 | 1. 幼苗嫁接;<br>2. 劣质低产园高接换种;<br>3. 播种育苗;<br>4. 幼林地间作 |
| 5 | 初花期 | 1. 嫁接苗、高接树抹除砧木萌芽;<br>2. 防治蚜虫等害虫;<br>3. 新育苗进行间苗 |
| 6 | 盛花期、幼果期 | 1. 保花保果，促进坐果;<br>2. 地下追肥、叶面喷肥促进果实膨大;<br>3. 中耕除草;<br>4. 芽接育苗;<br>5. 芽接高接换种(优);<br>6. 夏季摘心、抹芽;<br>7. 圃地幼苗追肥、浇水、松土、除草;<br>8. 防治蚜虫、红蜘蛛等害虫 |
| 7 | 果实膨大期、成熟期 | 1. 下旬伏椒成熟，及时采收;<br>2. 其他品种继续追肥、中耕除草管理，促进果实生长 |
| 8 | 果实着色期、成熟期 | 1. 叶面喷施磷酸二氢钾促进果实着色、成熟，提高品质;<br>2. 成熟品种，及时采收、晾晒、入库、销售 |

（续）

| 月份 | 物候期 | 主要管理内容 |
|---|---|---|
| 9 | | 1. 晚熟品种及时采摘、晾晒、加工；<br>2. 椒籽购销、加工 |
| 10 | 落叶期 | 1. 结合秋施有机肥为主的基肥，进行全园土壤深翻；<br>2. 坡地椒园结合施肥、深翻，扩修树盘为反坡穴面；<br>3. 秋季造林建园 |
| 11 | 休眠期 | 1. 认真清园：清除枯枝落叶、落果等，深埋或烧毁；<br>2. 枝干涂白；<br>3. 根部培土，防止冬季积雪冻害；<br>4. 准备育苗种子的处理 |
| 12 | 休眠期 | 1. 技术培训；<br>2. 肥料生产资料准备 |

注：各地自然气候条件有差异，表中时间和物候期仅供参考。

色泽艳丽、颗粒硕大、品质上乘的大红袍花椒

发育完好的“梅花椒”

发育不良的“闭眼椒”

夭折于胚胎、萎缩在正常花椒旁的“胎折椒”

大量闭眼椒和胎折椒，严重影响花椒的品质和产量

顶生果穗经多年（多次）采摘后形成萎缩老化的果枝

密集、紧促、大颗粒的大果穗花椒

花椒系列产品　　　　花椒芽菜

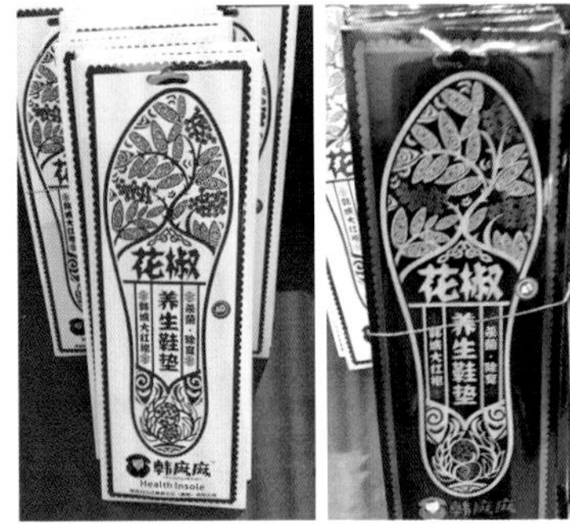


花椒洗发水　　花椒足浴宝　　花椒养生鞋垫

早实丰产栽培　　　　盛果期的花椒园

石质阳坡花椒结果状

石质阳坡块状整地栽植的花椒

石质阳坡上隔坡水平阶整地栽植的花椒

拉枝技术促进早实丰产

夏季摘心，促发侧枝，促生花芽，早实丰产

优质、早实、丰产

“平埋压苗法”栽植的花椒树根系剖面

左侧：嫁接成活的无刺花椒苗；
右侧：萌生的砧木有刺花椒

培育的无刺花椒苗

培育的无刺花椒苗

无刺花椒苗

顶生花序结出的顶生果穗

不同成熟期花椒对比

密集紧促的大团粒果穗，便于采摘

硕果累累，压弯枝头

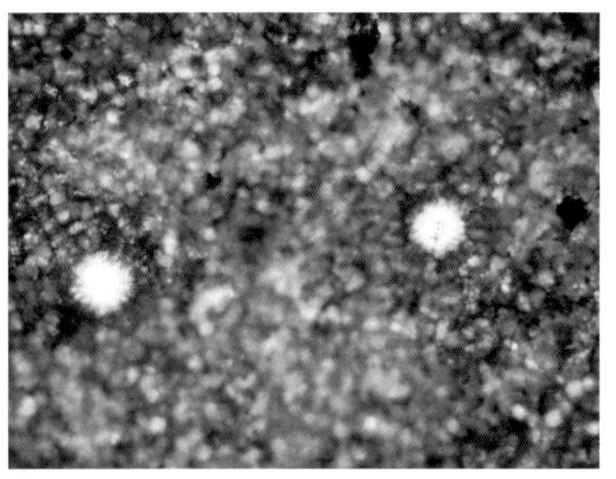

花椒鲜叶显微（×10）下的油腺点

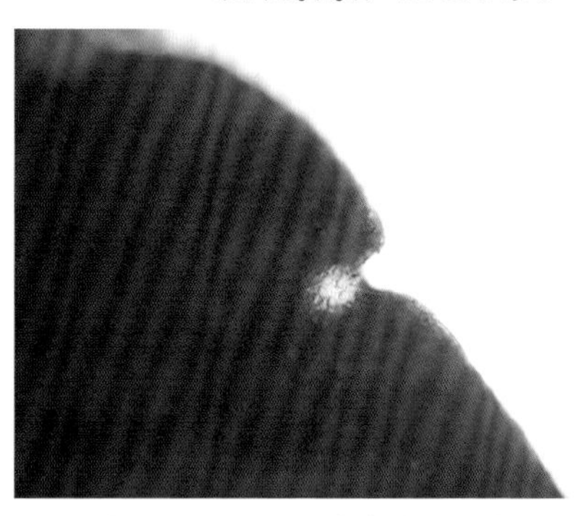

着生在叶缘锯齿底部的油腺显微（×100)照

叶片中部的油腺显微（×20）照

花椒鲜叶超临界提取物

越冬前根部培土，防止积雪冻害

花椒烘干机

装满鲜椒烘干中的花椒烘干机

嫁接苗当年挂果情况

芽接育苗

硕大果穗，优质丰产，采摘效率高

顶生花序（果穗）

小红袍花椒

利用高接换种技术进行品种改良

高接成活发芽